원리부터 덧셈, 뺄셈까지
슬라임으로 이해하는

완주 분수

남택진, 이현욱 지음

서사원주니어

유튜브만 가까이하다가 최근 인스타그램을 접했습니다. 유튜브는 항상
봐 왔고 가끔 영상을 올리기도 해서인지 익숙한데 인스타는 너무 어렵습니
다. 유튜브는 내가 관심 있는 영상을 보기만 하면 되는데, 인스타는 서로
소통하도록 되어 있어 사실 지금도 대부분의 기능을 잘 모르고 있지요. 아
이들이 분수를 처음 만날 때 멈칫하는 이유도 유튜브만 하다가 인스타를 접
하게 된 상황과 비슷한 듯합니다. 자연수만 배우던 아이들에게 분수는 수
개념의 새로운 패러다임으로 다가옵니다.

자연수는 하나의 수가 하나의 의미를 나타내지만, 분수는 두 수의 관계를
나타냅니다. 체계가 완전히 다르지요. 그래서 아이들이 많이 어려워합니
다. 심지어 '수포자는 3학년 분수부터 나온다'는 이야기도 들립니다.

낯선 개념을 이해시키려면 어떻게 해야 할까요? 아이들은 호기심과 관심
이 생기는 것에 마음을 열어 줍니다. 자주 접해 보고 이런저런 시행착오를
겪으며 깊이 있게 알아가지요. 결국 낯설고 어려운 분수를 잘할 수 있게 하
는 힘은 흥미와 꾸준함에서 나옵니다.

아이들이 좋아하는 말랑말랑한 슬라임을 보다가 소재로 쓰기로 했습니
다. 아이들은 상상력을 보태 슬라임을 '액체 괴물'이라고 부르기도 하더군

요. 수학적으로 얘기하면 추상적인 분수 개념을, 슬라임을 통해 눈에 보이고, 손에 쥐어지고, 머릿속에 그릴 수 있는 구체적인 대상으로 바꾸었습니다. 슬라임을 뭉치고, 늘리고, 나누면서 수학적 개념을 유연하고 자유롭게 이해할 수 있도록 하였지요.

이 책을 단번에 쭉 풀지 못해도 좋습니다. 분수라는 개념은 한번에 소화시키기 힘듭니다. 아이가 어려워할 때는 잠시 멈춰 서서 쉬어 가도 좋습니다. 관심 있는 부분은 여러 번 보면서 수학에 흥미 붙일 시간을 주시면 더욱 좋겠습니다. 그림책을 보듯 슬라임이 나눠지고 합쳐지는 과정을 천천히 습득하기만 해도 충분하지요.

수학 인생에서 처음으로 멈춤의 시간을 겪게 될 우리 아이들에게 즐거운 경험을 주고 싶습니다. 여유를 가지고 차근차근 해 나가면 충분히 수리적으로 이해할 수 있습니다. 섣불리 능숙함을 강조하기보단 친숙함을 먼저 느끼게 하고 싶다는 생각으로 이 책을 쓰게 되었습니다. 꽃처럼 예쁜 우리 아이들, 그리고 고생하시는 부모님들께 작은 도움이 되었으면 하는 바람입니다.

남택진 드림

차례

1 분수 알아보기

교과서 학습 내용

3학년 1학기

6. 분수와 소수
- 전체 똑같이 나누기
- 전체와 부분의 관계
- 분수 쓰고 읽기

2 분수의 종류

교과서 학습 내용

3학년 1학기

6. 분수와 소수
- 분모가 같은 진분수의 크기 비교
- 단위분수의 크기 비교

3학년 2학기

4. 분수
- 이산량 등분할하기
- 전체에 대한 분수만큼 알기
- 길이에 대한 분수만큼 알기
- 진분수, 가분수, 대분수
- 가분수 대분수 변환
- 분모가 같은 분수의 크기 비교

3 분수의 연산

교과서 학습 내용

4학년 2학기

1. 분수의 덧셈과 뺄셈
- 진분수의 덧셈과 뺄셈
- 받아올림이 있는 분수의 덧셈
- 받아내림이 없는 분수의 뺄셈
- 자연수와 분수의 뺄셈
- 받아내림이 있는 분수의 뺄셈

분수는 초등 수학에서 가장 이해하기 까다로운 개념입니다. 단순히 풀이 절차만을 연습해서는 분수에 대한 아이들의 어려움을 덜어 주기 힘듭니다. 이 책 〈완주 분수〉는 슬라임 캐릭터로 개념을 시각화하여 쉽게 이해할 수 있도록 설명하고, 반복 연습을 통해 개념에 익숙해지도록 체계적으로 구성하였습니다.

① 만화로 만나기

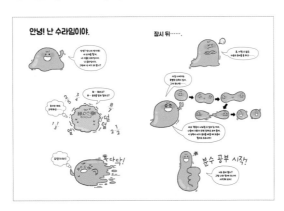

슬라임이 나눠지고 합쳐지는 만화를 통해 낯선 분수 개념을 친숙하게 하고, 분수 공부를 즐겁게 시작할 수 있도록 하였습니다.

② 개념 익히기·확인 문제

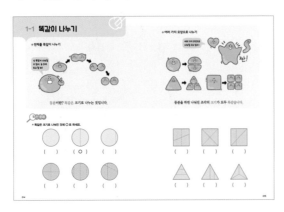

분수 개념은 장차 비례식, 방정식 등을 배우기 위한 주춧돌이 됩니다. 아이들에게 친숙한 슬라임으로 원리와 규칙을 설명하여 개념을 쉽게 이해할 수 있습니다. 개념을 익힌 후에는 확인 문제를 통해 잘 이해했는지 확인합니다.

③ 연습 문제

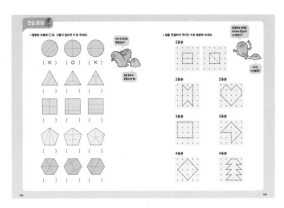

개념을 익혔다면 반복 연습을 통해 완전히 내 것으로 만들어야 합니다. 문제가 다소 어렵게 느껴진다면 전 단계로 돌아가 개념을 충분히 이해한 후 다시 풀어 보세요.

④ 정리 문제

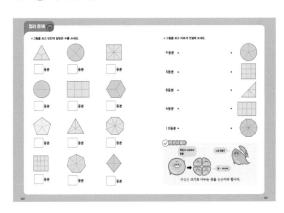

지금까지 배운 내용을 다시 한 번 복습합니다. 당장 모든 문제를 풀지 못해도 좋습니다. 충분한 시간을 가지고 차근차근 생각하며 풀어 보세요.

⑤ 분수 핵심 노트

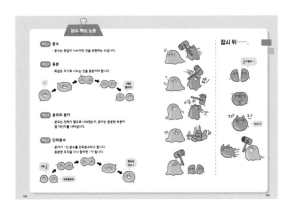

이 단원의 핵심 개념을 다시 한 번 정리합니다. 슬라임으로 분수 개념을 시각화하여 쉽게 이해하고 오랫동안 기억에 남도록 구성하였습니다.

Q 원래 수학을 별로 좋아하지 않는 아이예요. 곧 3학년이 되는데 분수부터 수포자가 된다고 하니 걱정이 됩니다.

빠르면 분수에서부터 수학을 포기하는 아이들이 나옵니다. 그러나 분수에서 어려움을 느낀다면 이미 분수 이전의 수 개념부터 흔들리고 있었을 확률이 높습니다. 덧셈, 뺄셈, 곱셈, 나눗셈 등 분수 이전에 배우는 개념들은 주춧돌과 같아서, 이 개념들을 정확히 이해하지 못하면 다음 단계에서 어려움을 겪을 수 있습니다.

예를 들면 아이들이 단순 암기로 구구단을 다 알고 있을 것 같지만, 실제로는 곱셈과 나눗셈을 여전히 어려워하는 친구들이 많습니다. 이렇게 기초 개념을 깊이 이해하지 못한 아이들의 수 개념이 흔들리기 시작하는 부분이 바로 분수입니다. 간과하고 지나왔던 기초 개념과 그 원리를 좀 더 익숙하게 다룰 수 있어야 앞으로의 수학을 잘해 나갈 수 있습니다. 즉 이미 알고 지나왔다고 생각되는 부분을 돌아보는 것이 중요하지요.

Q 초4 우리 아이, 분수가 어렵다고 해서 알려 줬는데, 돌아서면 잊어버리네요. 어떻게 하면 좋을까요?

이미 원리를 이해한 어른에게는, 분수의 개념이 당연한 것으로 느껴집니다. 하지만 분수를 처음 접하는 아이의 입장에서는 낯선 원리와 규칙들을 받아들이는 작업을 하게 됩니다. 사실 표현하는 형식이 바뀐다고 해서 수학의 원리 자체가 달라지지는 않습니다. 그렇지만 모든 조각이 맞춰지기 전까지는 어쩔 수 없이 헤매는 과정을 거치게 됩니다. 그 과정이 남들보다 짧다고 해서 수학을 잘한다고 볼 수도 없고, 길다고 해서 수학을 못한다고 할 수도 없지요. 저마다 받아들이는 속도가 조금씩 다를 뿐이기 때문입니다.

자주 접하다 보면 충분히 이해할 수 있습니다. 당장 문제 풀이에 어려움을 느낀다면 일단은 그림책 보듯이 슬라임이 뭉쳐지고 쪼개지는 과정만 여러 번 봐도 좋습니다. 아이들은 친숙해지고 흥미가 생기면 스스로 다음 단계로 나아갑니다.

 나눗셈부터 버벅거리더니 분수는 정말 이해를 못하네요. 문제를 많이 풀리는 게 답일까요? 문제 푸는 것도 싫어하는 아이입니다.

아이가 분수 개념을 잘 이해하지 못하는 경우 문제를 많이 풀리기도 합니다. 반복 연습으로 절차를 암기하여 문제를 풀어내게 하는 것이지요. 하지만 개념을 제대로 이해하지 않고 성급하게 문제 풀이로 넘어가면, 이후에 나올 비례식, 방정식 등에서 어려움을 겪을 수 있습니다.

조금 시간이 걸리더라도 개념을 잘 다져 두고 넘어가는 것이 좋습니다. 아이들은 단순 암기나 무작정 반복하는 것에 쉽게 싫증을 느끼므로, 문제 풀이만 계속하다 보면 수학을 싫어하게 될 수 있습니다. 아이가 잘 풀 수 있는 부분까지만 풀어도 좋습니다. 설령 그 부분이 매일 똑같다 하더라도, 아이의 실력은 누적되어 늘고 있는 것입니다. 중요한 것은 아이가 수학에 거부감을 갖지 않도록 아이의 속도를 존중해 주고 흥미를 갖게끔 해 주는 것입니다.

1

분수
알아보기

소단원	핵심 학습 요소	공부한 날짜	확인
1-1 똑같이 나누기	·전체를 똑같이 나누기 ·등분	월 일	
1-2 분수로 표현하기	·분수로 나타내기 ·분수 읽고 쓰기 ·분모, 분자	월 일	
1-3 단위분수와 1	·단위분수	월 일	

안녕! 난 수라임이야.

안녕? 만나서 반가워!
내 소개를 할게.
내 이름은 수라임이야.
난 슬라임이지.
그런데 넌 여기 왜 왔니?

뭐… 뭐라고?
부… 분수를 알려 달라고?

들기만 해도
오싹하군…….

도망가자!!

잠시 뒤…….

휴, 어쩔 수 없군.
마음의 준비를 좀 하고…….

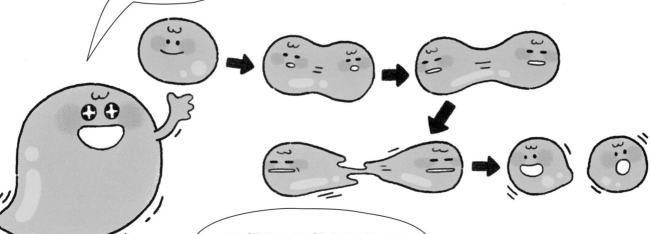

사실 나에게는
특별한 능력이 있어.
그게 뭐냐면…….

바로 '똑같이 나눠질 수 있다'는 거야.
나중에 기회가 되면 진짜로 보여 줄게.
이 능력이 네가 분수를 배울 때 도움이
될지도 모르니까!

분수 공부 시작!

너도 준비 됐니?
그럼 나와 함께 신나게
시작해 보자!

1-1 똑같이 나누기

◆전체를 똑같이 나누기

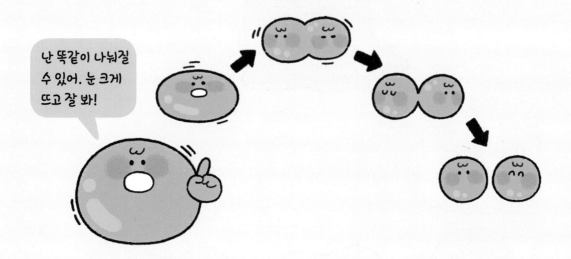

난 똑같이 나눠질 수 있어. 눈 크게 뜨고 잘 봐!

등분이란? 똑같은 크기로 나누는 것입니다.

확인 문제

● 똑같은 크기로 나눠진 것에 ◯표 하세요.

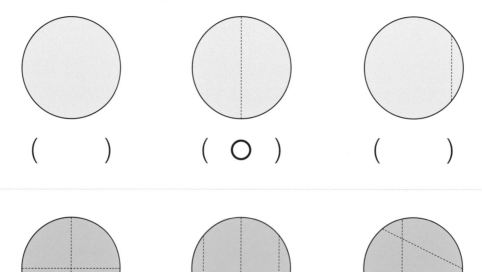

(   )   (◯)   (   )

(   )   (   )   (   )

◆여러 가지 모양으로 나누기

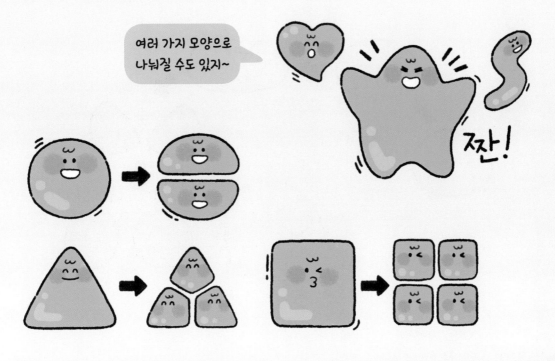

여러 가지 모양으로
나눠질 수도 있지~

쨔잔!

등분을 하면 나눠진 조각의 크기가 모두 똑같습니다.

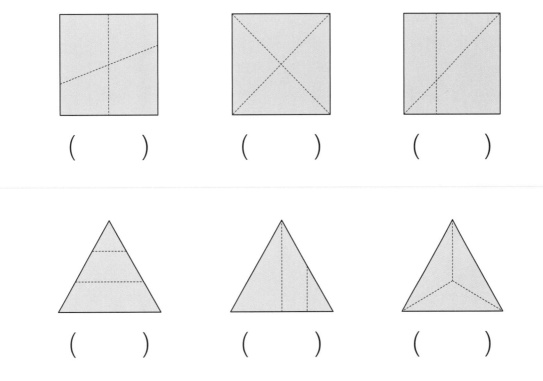

(   ) (   ) (   )

(   ) (   ) (   )

● 점을 연결하여 똑같이 나누어 보세요.

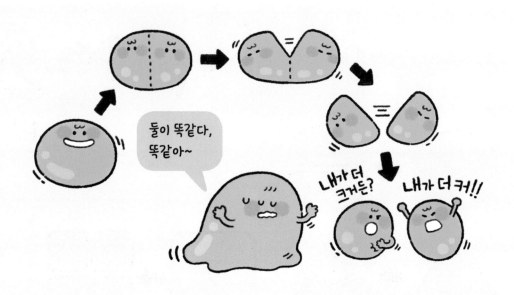

◆ 똑같이 셋으로 나누기

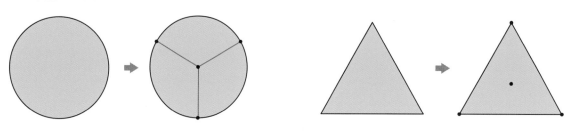

◆ 똑같이 넷으로 나누기

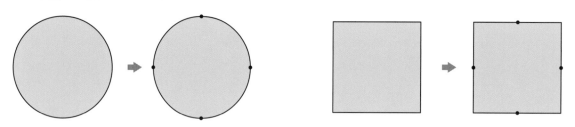

◆ 똑같이 다섯으로 나누기

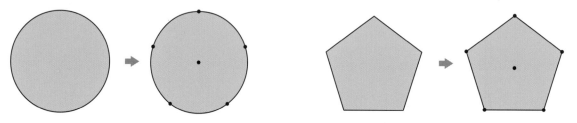

● 그림을 보고 몇 등분인지 쓰세요.

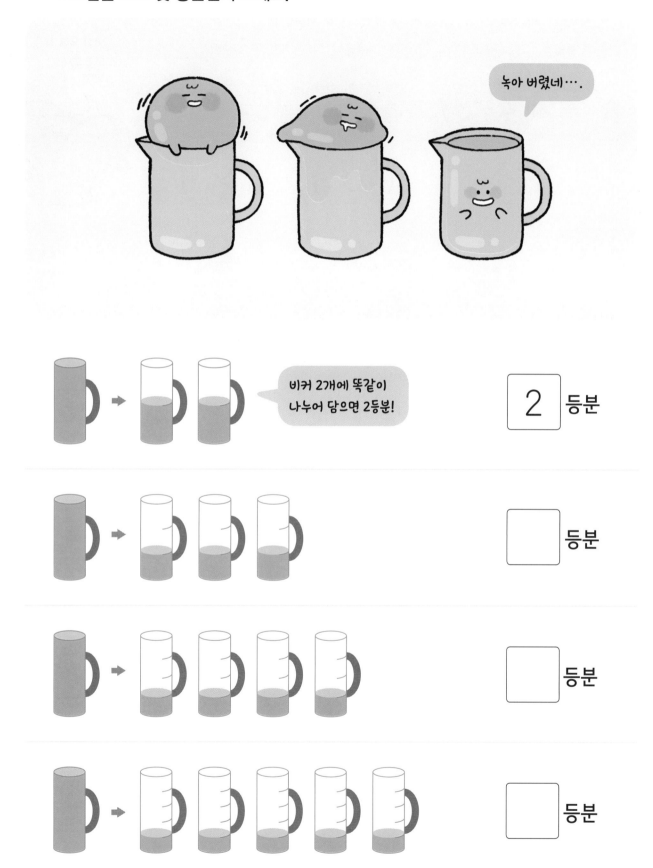

녹아 버렸네….

비커 2개에 똑같이
나누어 담으면 2등분!

2 등분

☐ 등분

☐ 등분

☐ 등분

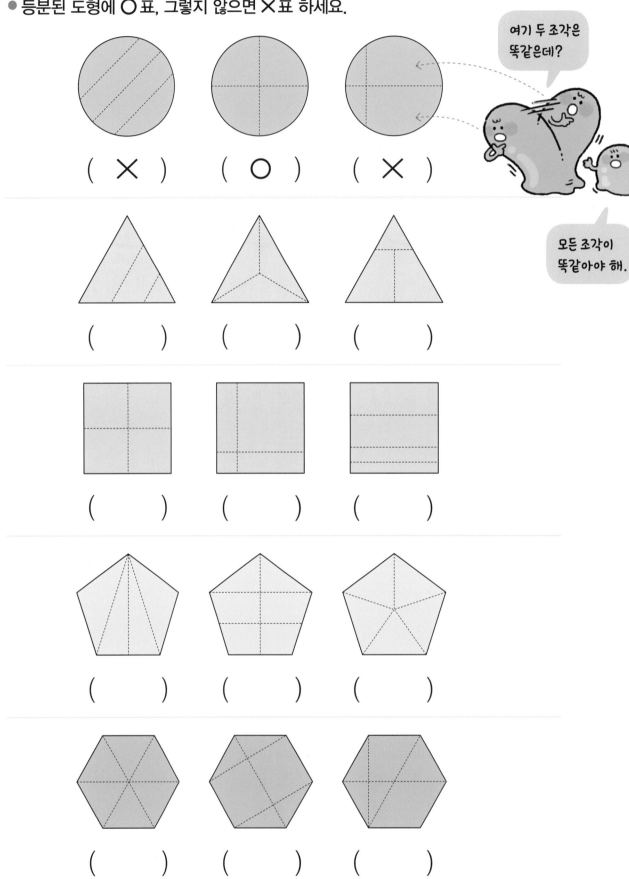

● 등분된 도형에 ○표, 그렇지 않으면 ✕표 하세요.

(✕)   (○)   (✕)

여기 두 조각은
똑같은데?

모든 조각이
똑같아야 해.

( )   ( )   ( )

( )   ( )   ( )

( )   ( )   ( )

( )   ( )   ( )

● 점을 연결하여 주어진 수로 등분해 보세요.

2등분

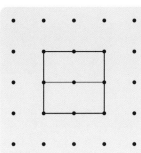 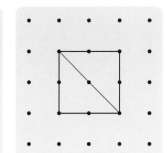

2등분

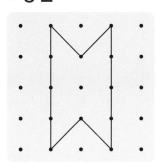

2등분

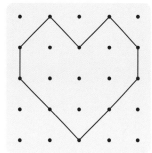

3등분

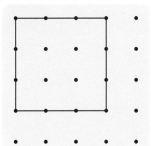

3등분

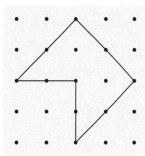

4등분

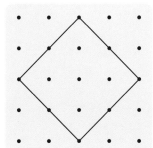

4등분

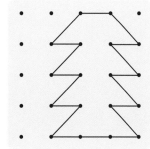

● 그림을 보고 빈칸에 알맞은 수를 쓰세요.

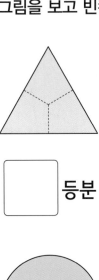 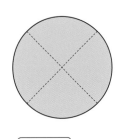 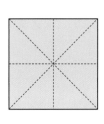

등분 등분 등분

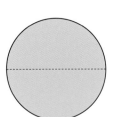  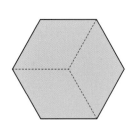

등분 등분 등분

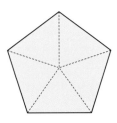 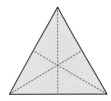 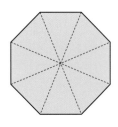

등분 등분 등분

 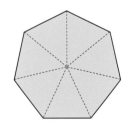 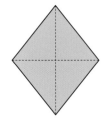

등분 등분 등분

● 그림을 보고 바르게 연결해 보세요.

9등분 •   •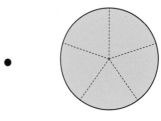

5등분 •   •

8등분 •   •

4등분 •   •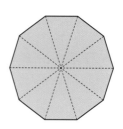

10등분 •   •

 한 번 더 체크

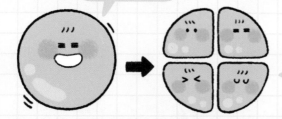

똑같이 나눠져야 등분!

나도 등분?

응… 아니야.

똑같은 크기로 나누는 것을 등분이라 합니다.

1-2 분수로 표현하기

◆자연수

1, 2, 3, 4…와 같은 수를 자연수라고 합니다.

확인 문제

● 그림을 보고 빈칸에 알맞은 말을 쓰세요.

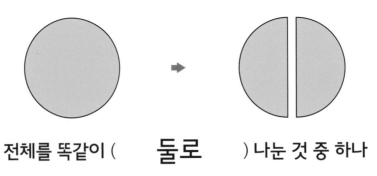

전체를 똑같이 (**둘로**) 나눈 것 중 하나

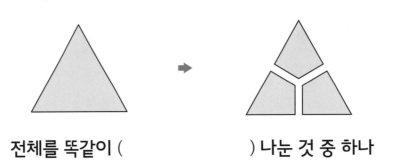

전체를 똑같이 ( ) 나눈 것 중 하나

◆ 분수

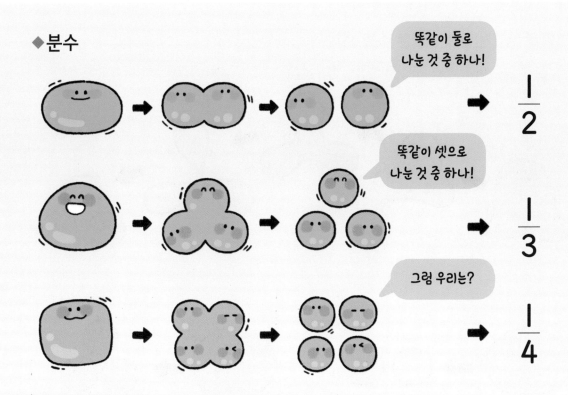

$\dfrac{1}{2}$, $\dfrac{1}{3}$, $\dfrac{1}{4}$ …과 같은 수를 분수라고 합니다.

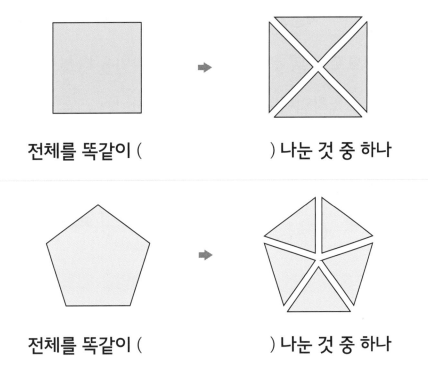

전체를 똑같이 (　　　) 나눈 것 중 하나

전체를 똑같이 (　　　) 나눈 것 중 하나

● 그림을 보고 빈칸에 알맞은 수를 쓰세요.

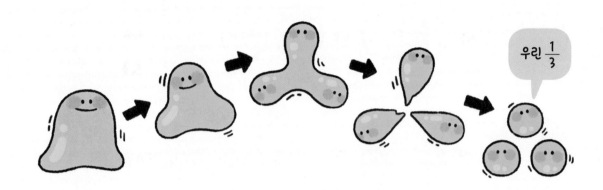

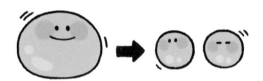

수라임을 둘로 나눈 것 중
하나는 $\dfrac{1}{2}$ 조각입니다.

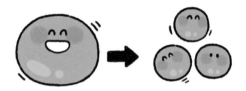

수라임을 셋으로 나눈 것 중
하나는 $\dfrac{1}{\boxed{}}$ 조각입니다.

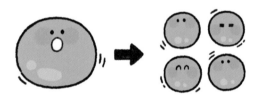

수라임을 넷으로 나눈 것 중
하나는 $\dfrac{1}{\boxed{}}$ 조각입니다.

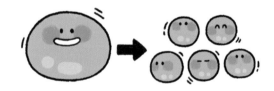

수라임을 다섯으로 나눈 것 중
하나는 $\dfrac{1}{\boxed{}}$ 조각입니다.

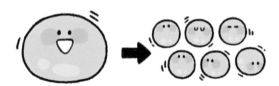

수라임을 여섯으로 나눈 것 중
하나는 $\dfrac{1}{\boxed{}}$ 조각입니다.

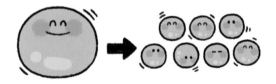

수라임을 일곱으로 나눈 것 중
하나는 $\dfrac{1}{\boxed{}}$ 조각입니다.

● 주어진 분수만큼 색칠해 보세요.

$\dfrac{1}{2}$씩 나누어 담기

$\dfrac{1}{3}$씩 나누어 담기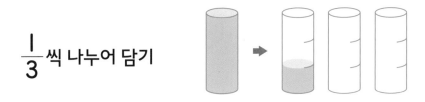

$\dfrac{1}{4}$씩 나누어 담기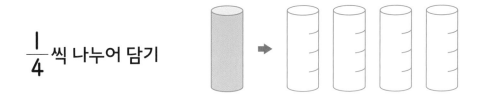

$\dfrac{1}{5}$씩 나누어 담기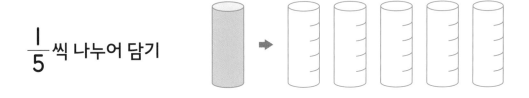

✓ 한 번 더 체크

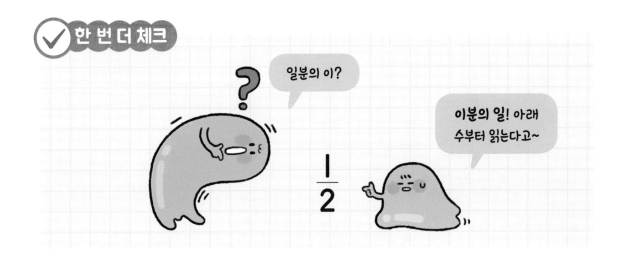

● 그림을 보고 빈칸에 알맞은 수를 쓰세요.

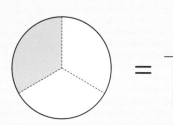 $= \dfrac{1}{\boxed{3}}$

$\boxed{3}$ 등분한 것 중 하나

위에 있는
수는 분자

아래 있는 수는
분모라고 해!

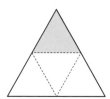 $= \dfrac{1}{\boxed{}}$

$\boxed{}$ 등분한 것 중 하나

$= \dfrac{1}{\boxed{}}$

$\boxed{}$ 등분한 것 중 하나

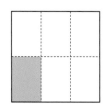 $= \dfrac{1}{\boxed{}}$

$\boxed{}$ 등분한 것 중 하나

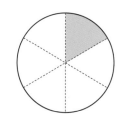 $= \dfrac{1}{\boxed{}}$

$\boxed{}$ 등분한 것 중 하나

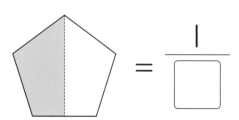 $= \dfrac{1}{\boxed{}}$

$\boxed{}$ 등분한 것 중 하나

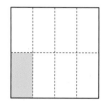 $= \dfrac{1}{\boxed{}}$

$\boxed{}$ 등분한 것 중 하나

● 그림을 보고 빈칸에 알맞은 수를 쓰세요.

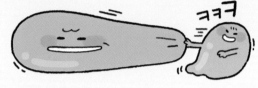

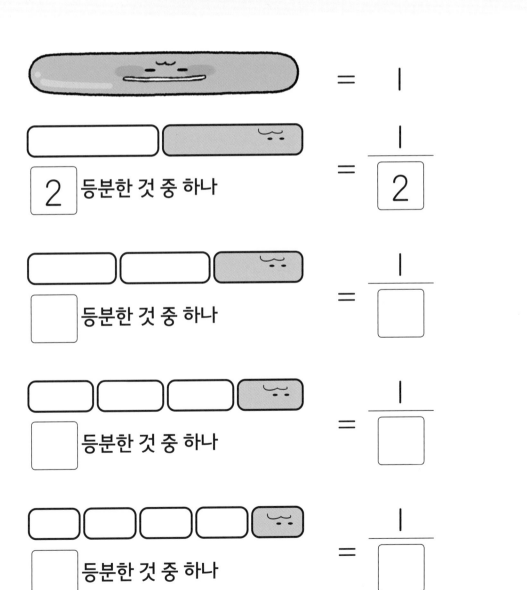

$= \dfrac{1}{1}$

$\boxed{2}$ 등분한 것 중 하나 $\qquad = \dfrac{1}{\boxed{2}}$

$\boxed{}$ 등분한 것 중 하나 $\qquad = \dfrac{1}{\boxed{}}$

$\boxed{}$ 등분한 것 중 하나 $\qquad = \dfrac{1}{\boxed{}}$

$\boxed{}$ 등분한 것 중 하나 $\qquad = \dfrac{1}{\boxed{}}$

● 그림을 보고 빈칸을 알맞게 채우세요.

	쓰기	읽기
	$\dfrac{1}{2}$	이분의 일
	$\dfrac{1}{\boxed{}}$	사분의 일
	$\dfrac{1}{3}$	$\boxed{}$ 분의 일
	$\dfrac{1}{\boxed{}}$	$\boxed{}$ 분의 일
	$\dfrac{1}{\boxed{}}$	$\boxed{}$ 분의 일
	$\dfrac{1}{\boxed{}}$	$\boxed{}$ 분의 일

● 그림을 보고 빈칸을 알맞게 채우세요.

	쓰기	읽기

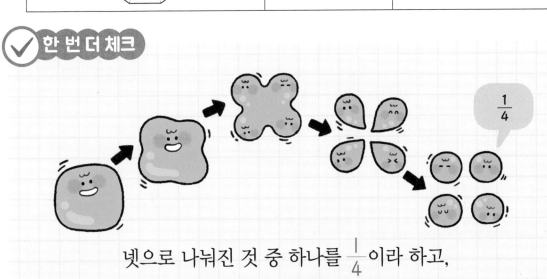

넷으로 나눠진 것 중 하나를 $\frac{1}{4}$이라 하고,

사분의 일이라고 읽습니다.

1-3 단위분수와 1

◆ 단위분수

$\frac{1}{2}$, $\frac{1}{3}$, $\frac{1}{4}$ …과 같이 똑같이 나누어져

분자가 1인 분수를 단위분수라고 합니다.

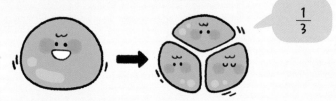

단위분수끼리 다시 합치면 1이 됩니다.

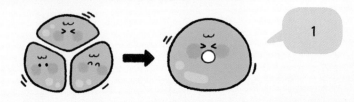

🔍 확인 문제

● 그림을 보고 빈칸에 알맞은 수를 쓰세요.

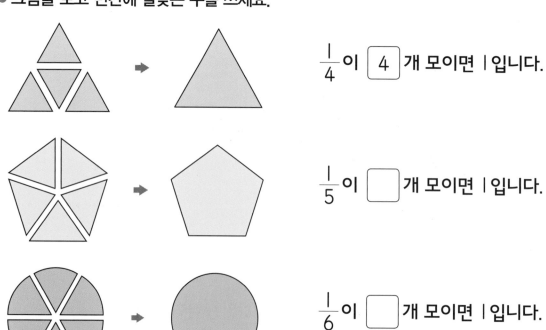

$\frac{1}{4}$ 이 $\boxed{4}$ 개 모이면 1입니다.

$\frac{1}{5}$ 이 $\boxed{}$ 개 모이면 1입니다.

$\frac{1}{6}$ 이 $\boxed{}$ 개 모이면 1입니다.

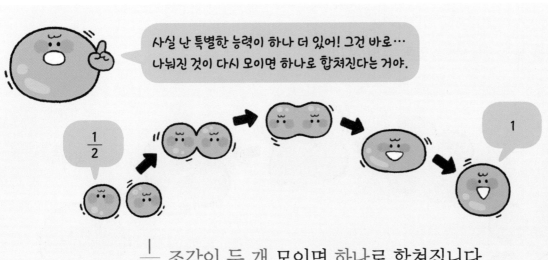

$\dfrac{1}{2}$ 조각이 두 개 모이면 하나로 합쳐집니다.

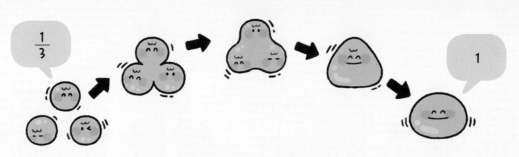

$\dfrac{1}{3}$ 조각이 세 개 모이면 하나로 합쳐집니다.

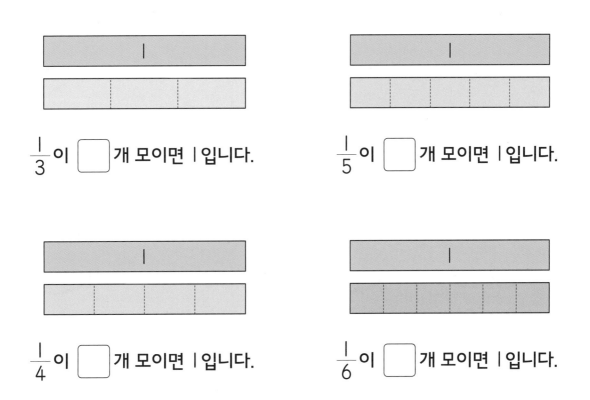

$\dfrac{1}{3}$ 이 ☐ 개 모이면 1 입니다.

$\dfrac{1}{5}$ 이 ☐ 개 모이면 1 입니다.

$\dfrac{1}{4}$ 이 ☐ 개 모이면 1 입니다.

$\dfrac{1}{6}$ 이 ☐ 개 모이면 1 입니다.

● 그림을 보고 빈칸에 알맞은 수를 쓰세요.

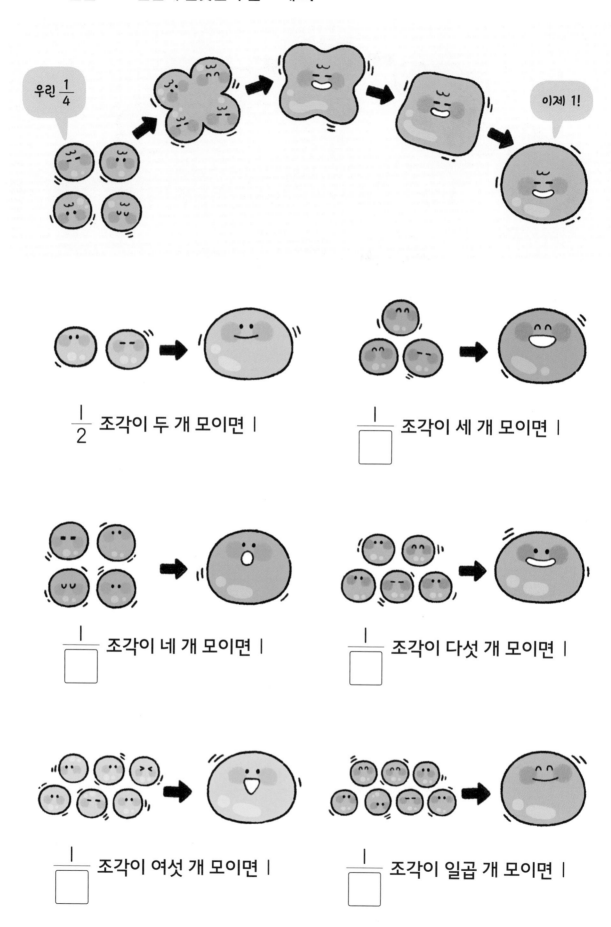

$\dfrac{1}{2}$ 조각이 두 개 모이면 1

$\dfrac{1}{\boxed{}}$ 조각이 세 개 모이면 1

$\dfrac{1}{\boxed{}}$ 조각이 네 개 모이면 1

$\dfrac{1}{\boxed{}}$ 조각이 다섯 개 모이면 1

$\dfrac{1}{\boxed{}}$ 조각이 여섯 개 모이면 1

$\dfrac{1}{\boxed{}}$ 조각이 일곱 개 모이면 1

● 수직선을 보고 빈칸에 알맞은 수를 쓰세요.

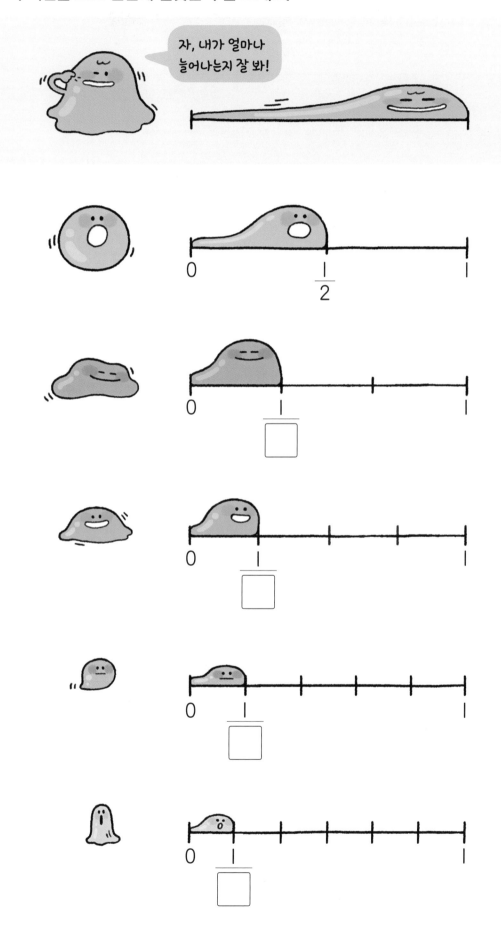

자, 내가 얼마나
늘어나는지 잘 봐!

연습 문제 ✏️

● 수직선을 보고 빈칸에 알맞은 수를 쓰세요.

1

$\frac{1}{2}$	

$\frac{1}{2}$이 $\boxed{2}$ 개면 1

$\frac{1}{3}$		

$\frac{1}{3}$이 $\boxed{}$ 개면 1

$\frac{1}{4}$			

$\frac{1}{4}$이 $\boxed{}$ 개면 1

$\frac{1}{5}$				

$\frac{1}{5}$이 $\boxed{}$ 개면 1

$\frac{1}{6}$					

$\frac{1}{6}$이 $\boxed{}$ 개면 1

$\frac{1}{7}$						

$\frac{1}{7}$이 $\boxed{}$ 개면 1

$\frac{1}{2}$, $\frac{1}{3}$, $\frac{1}{4}$ … 과 같이 분자가 1인 분수를 '단위분수'라고 하지.

● 그림을 보고 빈칸에 알맞은 수를 쓰세요.

$\dfrac{1}{3}$씩 $\boxed{3}$ 번 담으면 1

$\dfrac{1}{\boxed{}}$씩 $\boxed{}$ 번 담으면 1

$\dfrac{1}{\boxed{}}$씩 $\boxed{}$ 번 담으면 1

$\dfrac{1}{\boxed{}}$씩 $\boxed{}$ 번 담으면 1

$\dfrac{1}{\boxed{}}$씩 $\boxed{}$ 번 담으면 1

$\dfrac{1}{\boxed{}}$씩 $\boxed{}$ 번 담으면 1

✓ 한 번 더 체크

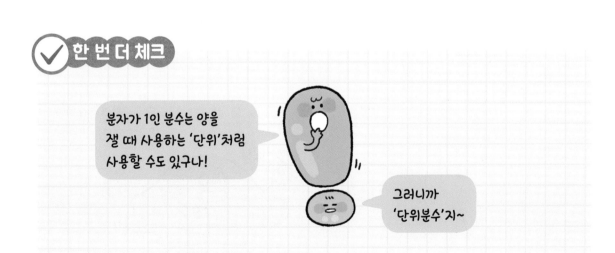

분자가 1인 분수는 양을
잴 때 사용하는 '단위'처럼
사용할 수도 있구나!

그러니까
'단위분수'지~

정리 문제

● 색칠된 부분에 해당하는 분수를 쓰세요.

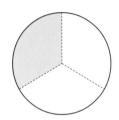 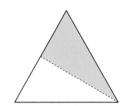 $\dfrac{1}{3}$　　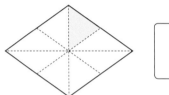

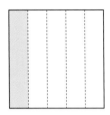 　　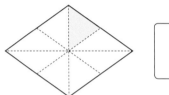

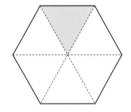 　　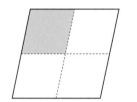

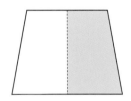 　　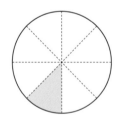

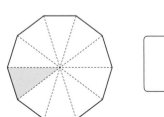　　

단위분수의 분모가 커질수록
조각의 크기는 작아지는구나!

● 수직선을 보고 빈칸에 알맞은 수를 쓰세요.

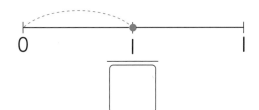

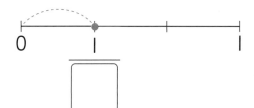

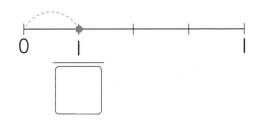

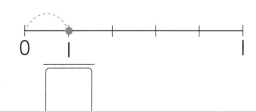

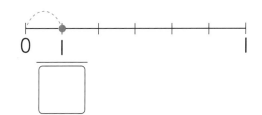

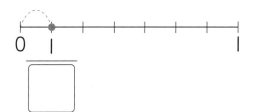

✓ 보너스문제

$\frac{1}{5}$ 조각이 2개 있습니다. $\frac{1}{5}$ 조각이 몇 개 더 있으면 수라임

하나로 합쳐질까요?   개

분수 핵심 노트

핵심1 **분수**

- 분수는 똑같이 나누어진 것을 표현하는 수입니다.

핵심2 **등분**

- 똑같은 크기로 나누는 것을 등분이라 합니다.

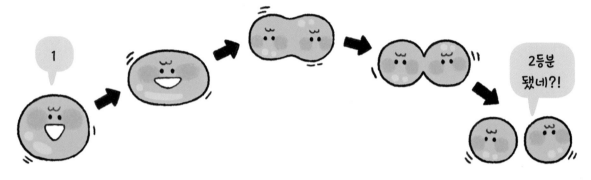

핵심3 **분모와 분자**

- 분모는 전체가 몇으로 나눠졌는지, 분자는 등분한 부분이 몇 개인지를 나타냅니다.

핵심3 **단위분수**

- 분자가 1인 분수를 단위분수라고 합니다.
- 등분한 조각을 다시 합치면 1이 됩니다.

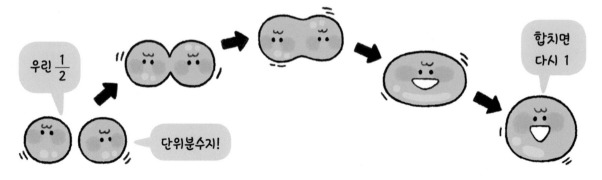

2

분수의 종류

수라임과 친구들과 마블런!

마블런은 구슬이 정해진 길을 따라 아래로 떨어지게 만든 장치입니다.
친구들은 과연 마블런을 무사히 통과할 수 있을까요?

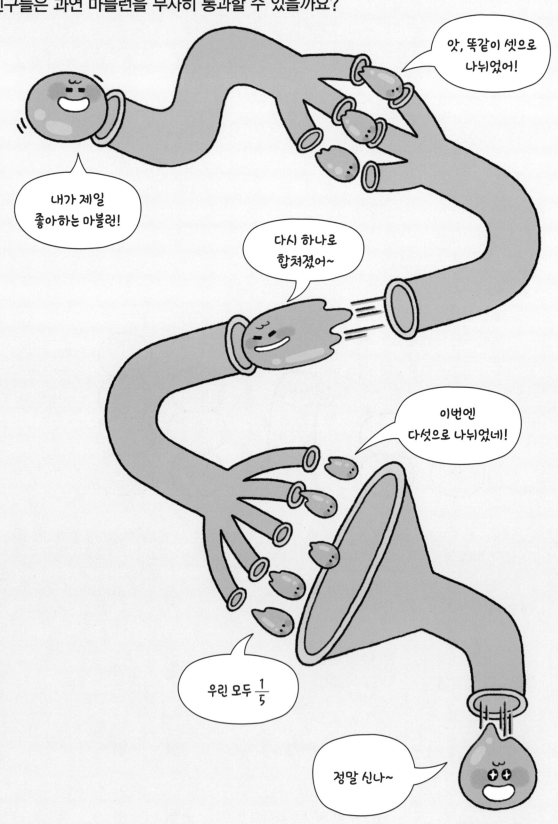

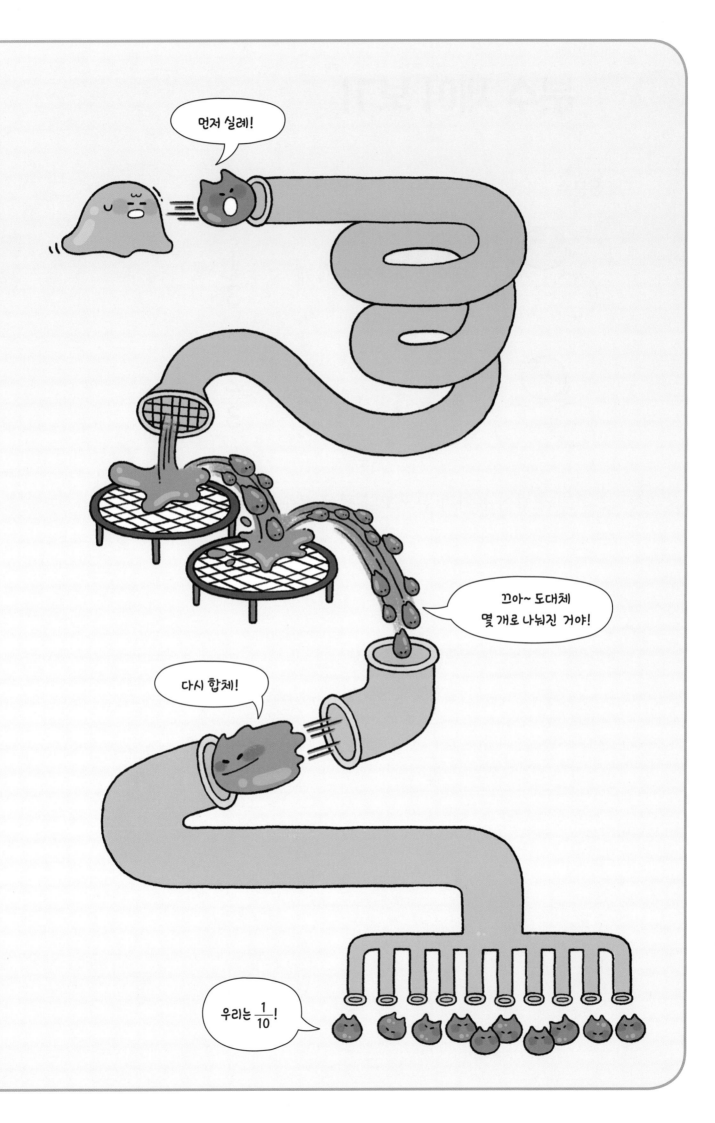

◆ 진분수

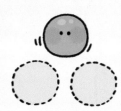 셋으로 나눠진 것 1개

 셋으로 나눠진 것 2개

$\dfrac{1}{3}$, $\dfrac{2}{3}$ 와 같이 분자가 분모보다 작은 분수를 진분수라고 합니다.

확인 문제

● 그림을 보고 빈칸에 알맞은 수를 쓰세요.

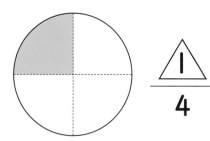

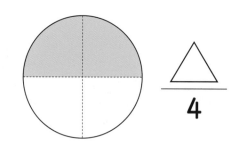

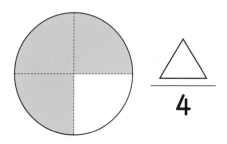

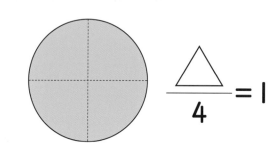

◆ 가분수

셋으로 나눠진 것 3개 $\dfrac{3}{3} = 1$

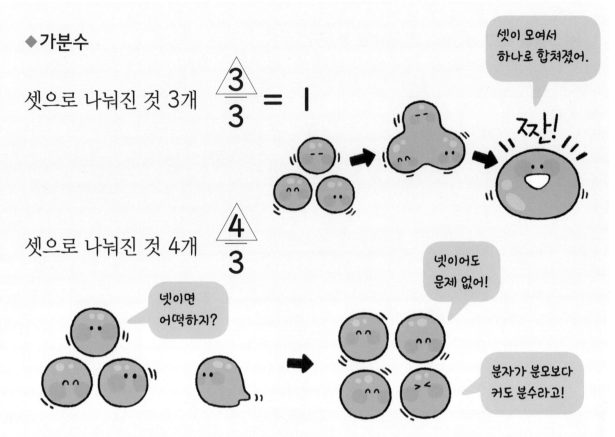

셋으로 나눠진 것 4개 $\dfrac{4}{3}$

$\dfrac{3}{3}$, $\dfrac{4}{3}$와 같이 분자가 분모와 같거나,

분자가 분모보다 더 큰 분수를 가분수라고 합니다.

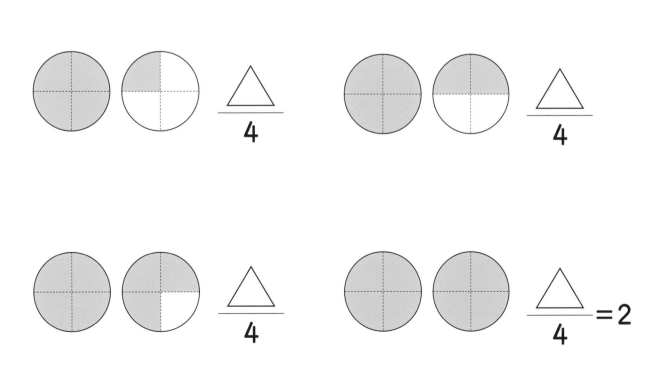

● 그림을 보고 빈칸에 알맞은 수를 쓰세요.

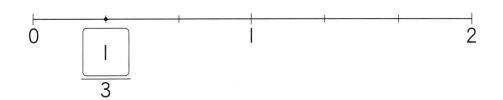

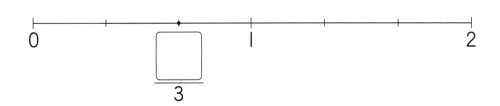

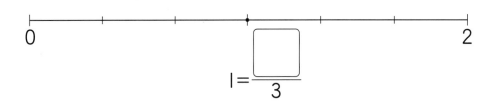

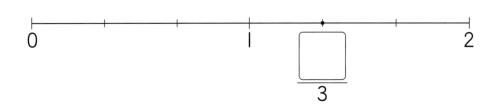

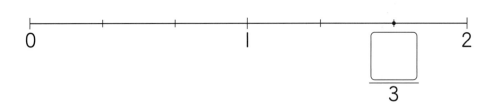

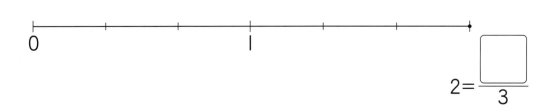

● 주어진 분수만큼 색칠해 보세요.

$\dfrac{1}{3}$

$\dfrac{2}{4}$

$\dfrac{3}{5}$

$\dfrac{4}{6}$

$\dfrac{4}{3}$

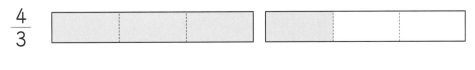

$\dfrac{6}{4}$

$\dfrac{7}{5}$

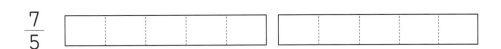

$\dfrac{10}{6}$

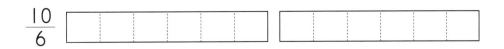

● 그림을 보고 빈칸에 >, =, < 를 알맞게 쓰세요.

$$\frac{1}{4} \quad \boxed{<} \quad 1$$

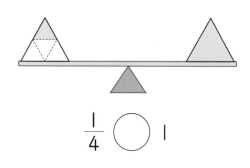

$$\frac{1}{4} \bigcirc 1$$

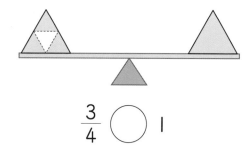

$$\frac{3}{4} \bigcirc 1$$

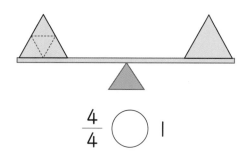

$$\frac{4}{4} \bigcirc 1$$

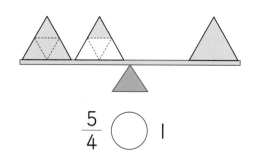

$$\frac{5}{4} \bigcirc 1$$

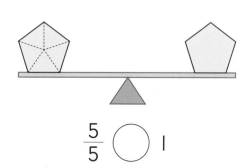

$$\frac{5}{5} \bigcirc 1$$

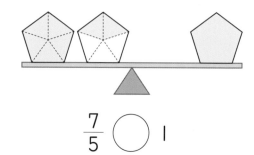

$$\frac{7}{5} \bigcirc 1$$

● 그림을 보고 빈칸에 >, =, < 를 알맞게 쓰세요.

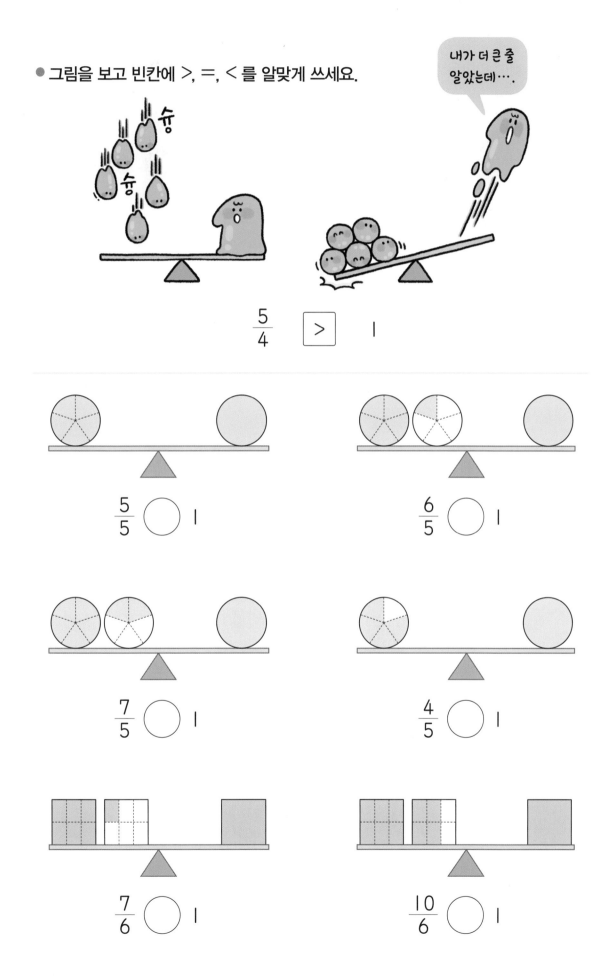

$$\frac{5}{4} \boxed{>} 1$$

$$\frac{5}{5} \bigcirc 1$$

$$\frac{6}{5} \bigcirc 1$$

$$\frac{7}{5} \bigcirc 1$$

$$\frac{4}{5} \bigcirc 1$$

$$\frac{7}{6} \bigcirc 1$$

$$\frac{10}{6} \bigcirc 1$$

● 그림을 보고 알맞은 분자를 쓰세요.

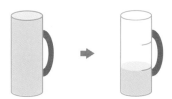

남은 양 $\dfrac{1}{3}$ 먹은 양 $\dfrac{2}{3}$

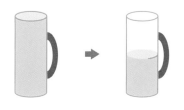

남은 양 $\dfrac{}{2}$ 먹은 양 $\dfrac{}{2}$

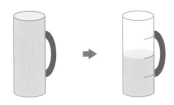

남은 양 $\dfrac{}{4}$ 먹은 양 $\dfrac{}{4}$

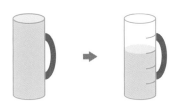

남은 양 $\dfrac{}{5}$ 먹은 양 $\dfrac{}{5}$

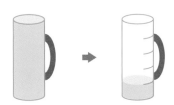

남은 양 $\dfrac{}{5}$ 먹은 양 $\dfrac{}{5}$

남은 양 $\dfrac{}{6}$ 먹은 양 $\dfrac{}{6}$

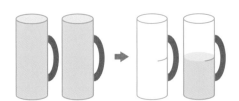

남은 양 $\dfrac{}{2}$ 먹은 양 $\dfrac{}{2}$

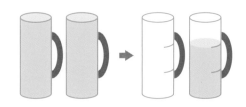

남은 양 $\dfrac{}{3}$ 먹은 양 $\dfrac{}{3}$

● 그림을 보고 빈칸에 >, =, < 를 알맞게 쓰세요.

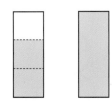

$\dfrac{2}{3}$ (<) 1

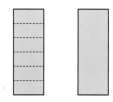

$\dfrac{6}{6}$ ( ) 1

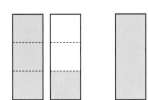

$\dfrac{4}{3}$ ( ) 1

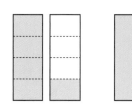

$\dfrac{5}{4}$ ( ) 1

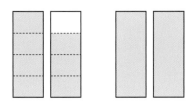

$\dfrac{7}{4}$ ( ) 2

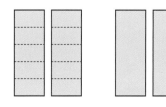

$\dfrac{10}{5}$ ( ) 2

✔️보너스문제

저울 위에 $\dfrac{1}{5}$ 조각들이 올라가 있습니다.

$\dfrac{1}{5}$ 조각이 몇 개 더 있으면 $\dfrac{6}{5}$ 이 될까요?

$\dfrac{1}{5}$

[ ] 개

◆ 진분수의 덧셈

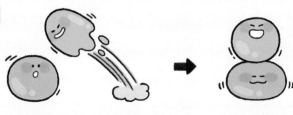

$$\frac{1}{4} + \frac{1}{4} = \frac{2}{4}$$

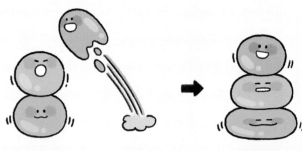

$$\frac{2}{4} + \frac{1}{4} = \frac{3}{4}$$

확인 문제

● 분수의 덧셈과 뺄셈을 해 보세요.

$$\frac{1}{4} + \frac{1}{4} = \frac{\boxed{2}}{4}$$ $$\frac{2}{4} + \frac{1}{4} = \frac{\boxed{}}{4}$$

$$\frac{2}{6} + \frac{1}{6} = \frac{\boxed{}}{6}$$ $$\frac{3}{6} + \frac{2}{6} = \frac{\boxed{}}{6}$$

◆ 진분수의 뺄셈

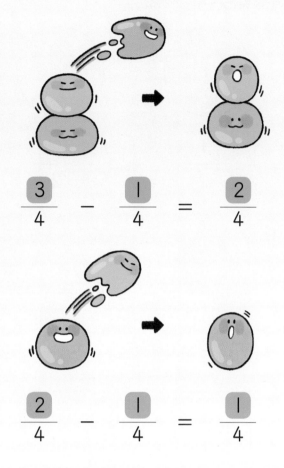

$$\frac{3}{4} - \frac{1}{4} = \frac{2}{4}$$

$$\frac{2}{4} - \frac{1}{4} = \frac{1}{4}$$

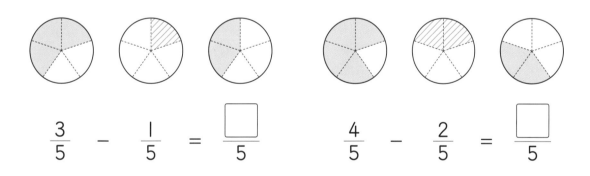

$$\frac{3}{5} - \frac{1}{5} = \frac{\square}{5}$$

$$\frac{4}{5} - \frac{2}{5} = \frac{\square}{5}$$

$$\frac{3}{6} - \frac{3}{6} = \frac{\square}{6} = 0$$

분자가 0이면 색칠된 조각이 없는 거니까 0!

하지만 분모는 0이 될 수 없다는 걸 기억해!

● 그림을 보고 빈칸에 알맞은 수를 쓰세요.

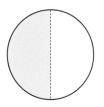 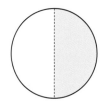 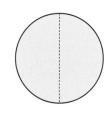 

$$\frac{1}{2} + \frac{\boxed{1}}{2} = \frac{\boxed{2}}{2} = 1$$

  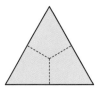 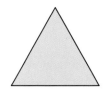

$$\frac{1}{3} + \frac{\boxed{}}{3} = \frac{\boxed{}}{3} = 1$$

 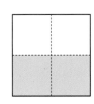

$$\frac{2}{4} + \frac{\boxed{}}{4} = \frac{\boxed{}}{4} = 1$$

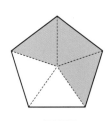 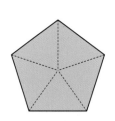 

$$\frac{\boxed{}}{5} + \frac{\boxed{}}{5} = \frac{\boxed{}}{5} = 1$$

 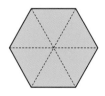 

$$\frac{\boxed{}}{6} + \frac{\boxed{}}{6} = \frac{\boxed{}}{6} = 1$$

연습 문제

● 분수의 덧셈과 뺄셈을 해 보세요.

$$\frac{2}{4} + \frac{1}{4} = \boxed{}$$

$$\frac{1}{4} + \frac{3}{4} = \boxed{} = \boxed{}$$

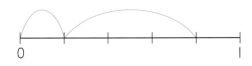

$$\frac{1}{5} + \frac{3}{5} = \boxed{}$$

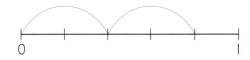

$$\frac{2}{5} + \frac{2}{5} = \boxed{}$$

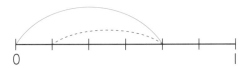

$$\frac{4}{6} - \frac{3}{6} = \boxed{}$$

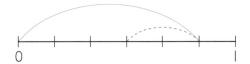

$$\frac{5}{6} - \frac{2}{6} = \boxed{}$$

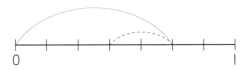

$$\frac{5}{7} - \frac{2}{7} = \boxed{}$$

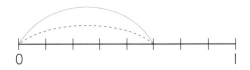

$$\frac{5}{8} - \frac{5}{8} = \boxed{} = \boxed{}$$

정리 문제

● 그림을 보고 분수의 덧셈을 해 보세요.

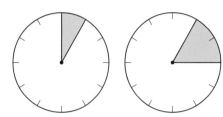 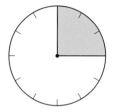

$$\frac{1}{12} \quad + \quad \frac{2}{12} \quad = \quad \boxed{}$$

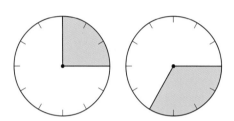 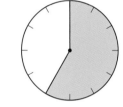

$$\frac{3}{12} \quad + \quad \frac{4}{12} \quad = \quad \boxed{}$$

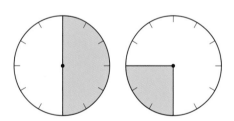 

$$\frac{6}{12} \quad + \quad \frac{3}{12} \quad = \quad \boxed{}$$

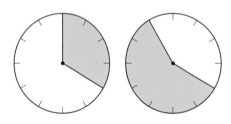 

$$\frac{4}{12} \quad + \quad \frac{7}{12} \quad = \quad \boxed{}$$

● 그림을 보고 분수의 뺄셈을 해 보세요.

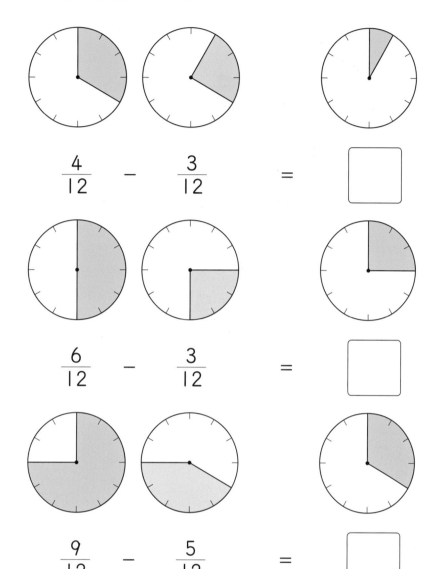

$$\frac{4}{12} - \frac{3}{12} = \boxed{}$$

$$\frac{6}{12} - \frac{3}{12} = \boxed{}$$

$$\frac{9}{12} - \frac{5}{12} = \boxed{}$$

보너스문제

두 비커의 $\frac{1}{4}$ 수라임 조각들을 모두 부어 합쳤더니, 비커 하나가 가득 찼습니다. 물음표 비커에는 $\frac{1}{4}$ 수라임 조각이 몇 개 있었을까요?

$\boxed{}$ 개

2-3 여러 개 나누기

🔍 **확인 문제**

● 색칠된 부분을 분수로 나타내 보세요.

색칠된 수라임은
전체의 $\dfrac{1}{2}$ 입니다.

색칠된 수라임을 세어 봐!

색칠된 수라임은
전체의 $\dfrac{\square}{2}$ 입니다.

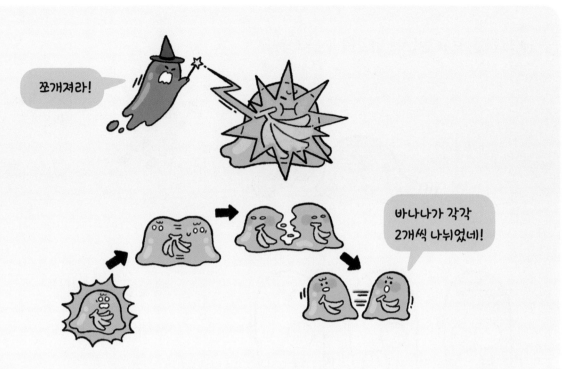

전체 바나나 4개의 $\frac{1}{2}$은 바나나 2개입니다.

여러 개를 등분하면 각각의 개수가 똑같습니다.

● 그림을 보고 빈칸에 알맞은 수를 쓰세요.

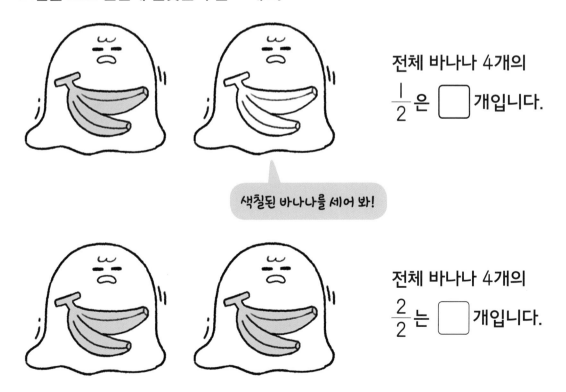

전체 바나나 4개의
$\frac{1}{2}$은 ☐개입니다.

색칠된 바나나를 세어 봐!

전체 바나나 4개의
$\frac{2}{2}$는 ☐개입니다.

● 그림을 보고 빈칸에 알맞은 수를 쓰세요.

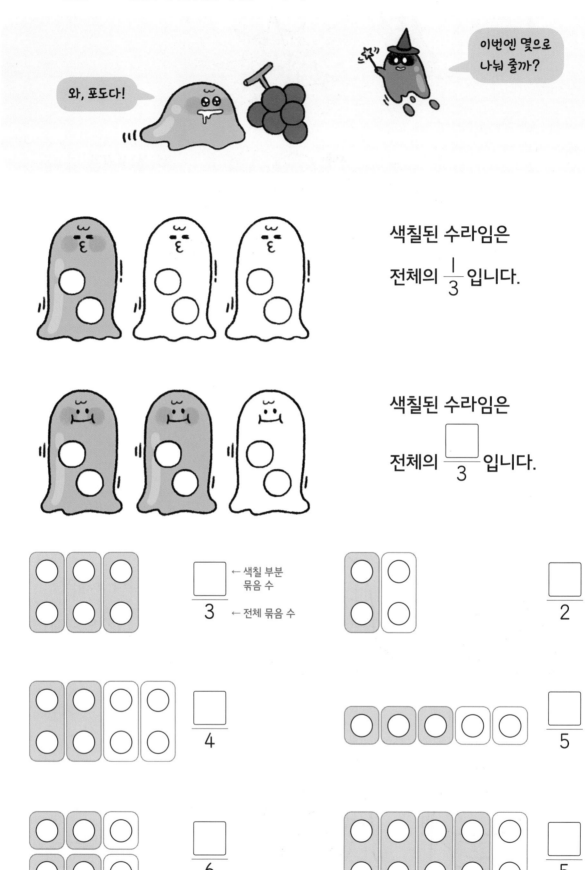

색칠된 수라임은
전체의 $\frac{1}{3}$ 입니다.

색칠된 수라임은
전체의 $\frac{\square}{3}$ 입니다.

$\dfrac{\square}{3}$ ← 색칠 부분 묶음 수
← 전체 묶음 수

$\dfrac{\square}{2}$

$\dfrac{\square}{4}$

$\dfrac{\square}{5}$

$\dfrac{\square}{6}$

$\dfrac{\square}{5}$

● 그림을 보고 빈칸에 알맞은 수를 쓰세요.

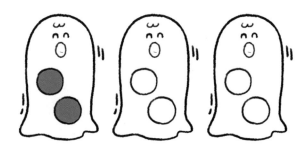

전체 포도알 6개의
$\dfrac{1}{3}$은 ☐ 개입니다.

전체 포도알 6개의
$\dfrac{2}{3}$는 ☐ 개입니다.

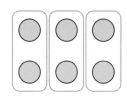 6의 $\dfrac{3}{3}$은 ☐

 4의 $\dfrac{1}{2}$은 ☐

9의 $\dfrac{2}{3}$는 ☐

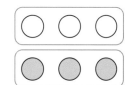 6의 $\dfrac{1}{2}$은 ☐

12의 $\dfrac{3}{4}$은 ☐

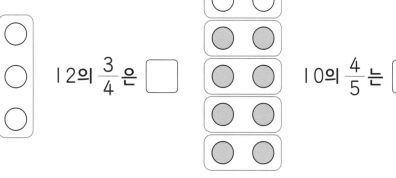 10의 $\dfrac{4}{5}$는 ☐

● 주어진 분수만큼 그림을 묶어 보세요.

전체의 $\frac{1}{2}$

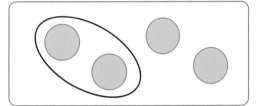

전체의 $\frac{1}{3}$

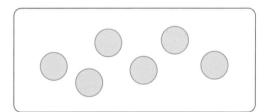

전체의 $\frac{1}{4}$

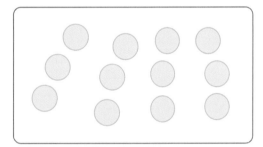

전체의 $\frac{1}{5}$

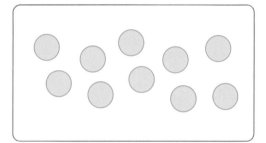

전체의 $\frac{1}{6}$

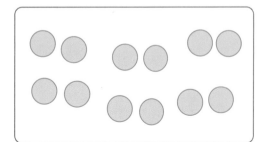

전체의 $\frac{1}{7}$

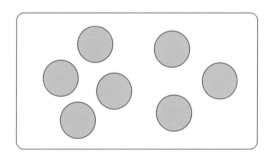

● 그림을 보고 빈칸에 알맞은 수를 쓰세요.

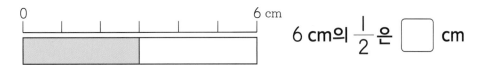 6 cm의 $\frac{1}{2}$은 □ cm

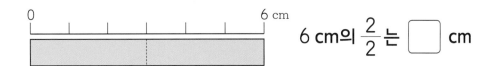 6 cm의 $\frac{2}{2}$는 □ cm

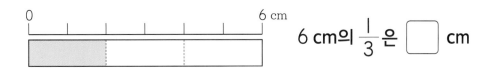 6 cm의 $\frac{1}{3}$은 □ cm

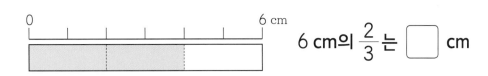 6 cm의 $\frac{2}{3}$는 □ cm

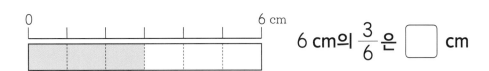 6 cm의 $\frac{3}{6}$은 □ cm

6 cm의 $\frac{5}{6}$는 □ cm

정리 문제

● 그림을 보고 빈칸에 알맞은 수를 쓰세요.

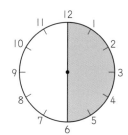 12시간의 $\dfrac{1}{2}$ 은 6 시간입니다.

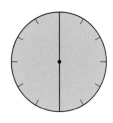

12의 $\dfrac{2}{2}$ = ▢

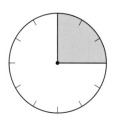

12의 $\dfrac{1}{4}$ = ▢

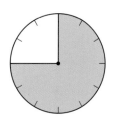

12의 $\dfrac{3}{4}$ = ▢

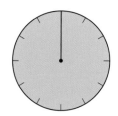

12의 $\dfrac{4}{4}$ = ▢

12의 $\dfrac{1}{3}$ = ▢

12의 $\dfrac{2}{3}$ = ▢

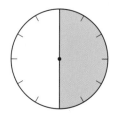

$12의 \dfrac{2}{4} = \boxed{}$

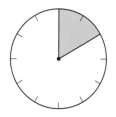

$12의 \dfrac{1}{6} = \boxed{}$

$12의 \dfrac{2}{6} = \boxed{}$

$12의 \dfrac{3}{3} = \boxed{}$

✓ 보너스문제

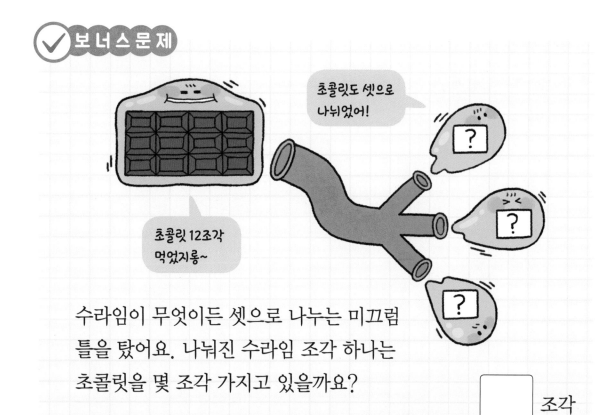

수라임이 무엇이든 셋으로 나누는 미끄럼
틀을 탔어요. 나눠진 수라임 조각 하나는
초콜릿을 몇 조각 가지고 있을까요?

$\boxed{}$ 조각

2-4 단위분수의 크기 비교

● 그림을 보고 빈칸에 >, =, < 를 알맞게 쓰세요.

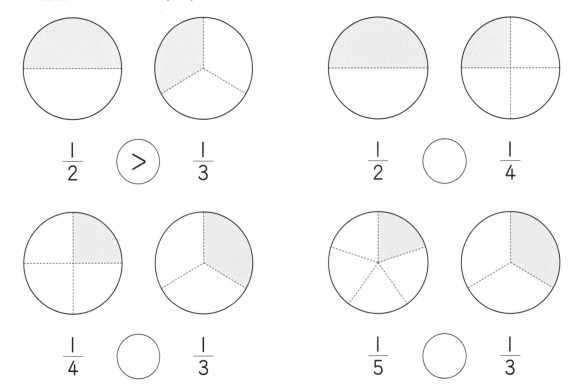

$\dfrac{1}{2}$ ⟩ $\dfrac{1}{3}$ $\dfrac{1}{2}$ ◯ $\dfrac{1}{4}$

$\dfrac{1}{4}$ ◯ $\dfrac{1}{3}$ $\dfrac{1}{5}$ ◯ $\dfrac{1}{3}$

◆단위분수의 크기 비교하기

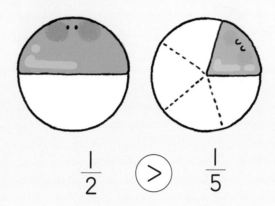

$$\frac{1}{2} \quad \bigcirc{>} \quad \frac{1}{5}$$

단위분수는 분모가
작을수록 분수의
크기가 크구나!

왜 그럴까?
한번 생각해 봐!

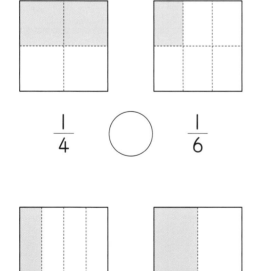

$$\frac{1}{4} \quad \bigcirc \quad \frac{1}{6}$$

$$\frac{1}{4} \quad \bigcirc \quad \frac{1}{3}$$

$$\frac{1}{4} \quad \bigcirc \quad \frac{1}{2}$$

$$\frac{1}{3} \quad \bigcirc \quad \frac{1}{6}$$

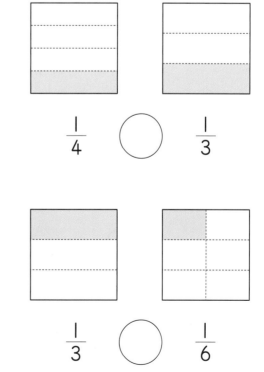

● 그림을 보고 빈칸에 >, =, < 를 알맞게 쓰세요.

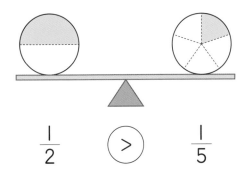

$\dfrac{1}{2}$ ⟮ > ⟯ $\dfrac{1}{5}$

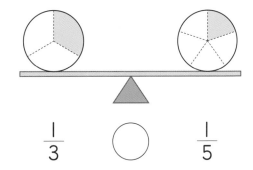

$\dfrac{1}{3}$ ◯ $\dfrac{1}{5}$

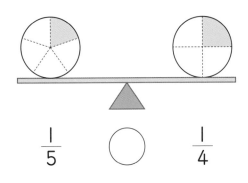

$\dfrac{1}{5}$ ◯ $\dfrac{1}{4}$

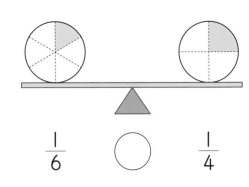

$\dfrac{1}{6}$ ◯ $\dfrac{1}{4}$

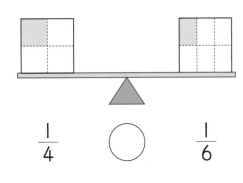

$\dfrac{1}{4}$ ◯ $\dfrac{1}{6}$

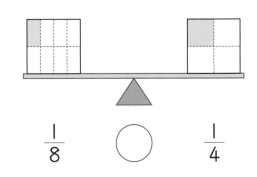

$\dfrac{1}{8}$ ◯ $\dfrac{1}{4}$

분모가 더 큰데 왜 작지?

분모가 크면 더 많이 나눠진 거니까!

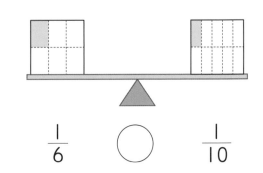

$\dfrac{1}{6}$ ◯ $\dfrac{1}{10}$

● 두 분수를 비교하여 더 큰 수를 위의 칸에 쓰세요. 가장 큰 분수는 무엇일까요?

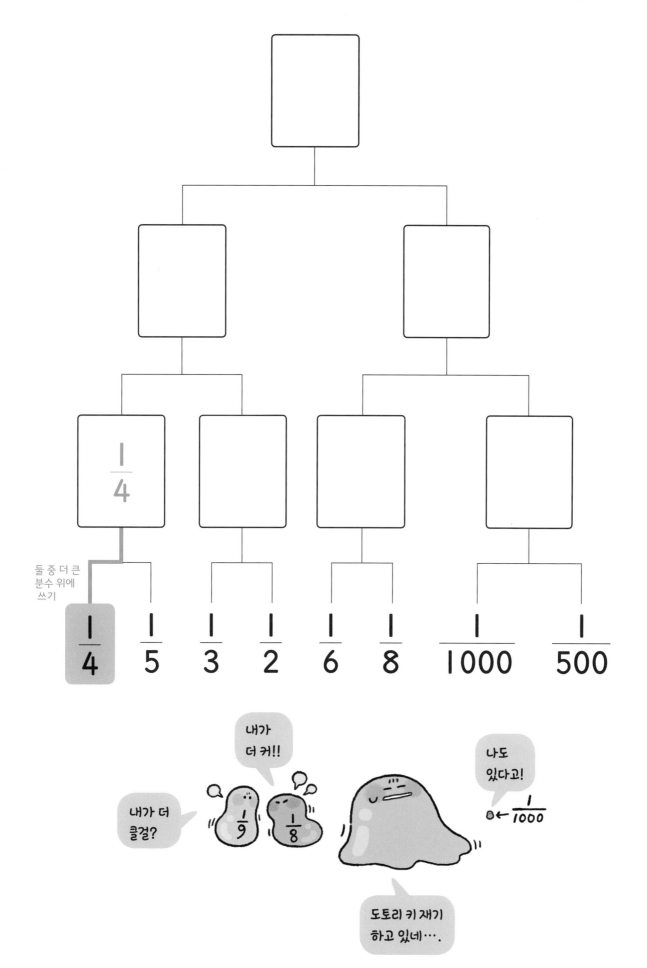

둘 중 더 큰 분수 위에 쓰기

$\frac{1}{4}$　$\frac{1}{5}$　$\frac{1}{3}$　$\frac{1}{2}$　$\frac{1}{6}$　$\frac{1}{8}$　$\frac{1}{1000}$　$\frac{1}{500}$

내가 더 커!!

내가 더 클걸?

나도 있다고!

☺ ← $\frac{1}{1000}$

도토리 키 재기 하고 있네….

연습 문제

● 두 분수의 크기를 비교하여 빈칸에 >, =, < 를 알맞게 쓰세요.

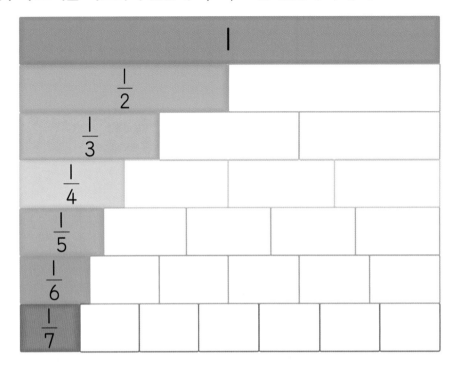

$\dfrac{1}{2}$ ◯ $\dfrac{1}{3}$ 　　　　$\dfrac{1}{3}$ ◯ $\dfrac{1}{4}$

$\dfrac{1}{5}$ ◯ $\dfrac{1}{2}$ 　　　　$\dfrac{1}{6}$ ◯ $\dfrac{1}{3}$

$\dfrac{1}{4}$ ◯ $\dfrac{1}{5}$ 　　　　$\dfrac{1}{7}$ ◯ $\dfrac{1}{2}$

$\dfrac{1}{6}$ ◯ $\dfrac{1}{4}$ 　　　　$\dfrac{1}{4}$ ◯ $\dfrac{1}{7}$

● 그림을 보고 빈칸에 >, =, < 를 알맞게 쓰세요.

$\dfrac{1}{3}$ ◯ $\dfrac{1}{2}$

$\dfrac{1}{3}$ ◯ $\dfrac{1}{4}$

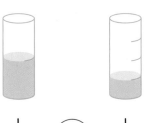

$\dfrac{1}{2}$ ◯ $\dfrac{1}{4}$

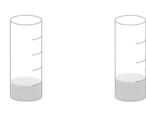

$\dfrac{1}{5}$ ◯ $\dfrac{1}{4}$

✓ 보너스문제

$\dfrac{1}{2}$

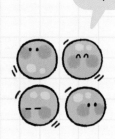

$\dfrac{1}{4}$

양쪽의 무게가 똑같아서 시소가 어느쪽으로도 기울어지지 않은 상태를 '수평'이라고 합니다.

$\dfrac{1}{4}$ 조각 몇 개가 타야 시소가 수평이 될까요?

◻ 개

분수 핵심 노트

핵심1 ## 진분수와 가분수

- 진분수 : 분자가 분모보다 작은 분수
- 가분수 : 분자가 분모와 같거나 분모보다 큰 분수

$$\dfrac{1}{3} \qquad \dfrac{2}{3} \qquad 1 \qquad \dfrac{3}{3} \qquad \dfrac{4}{3}$$

핵심2 ## 분수의 덧셈과 뺄셈

- 분모는 그대로 두고, 분자끼리 더하거나 뺍니다.

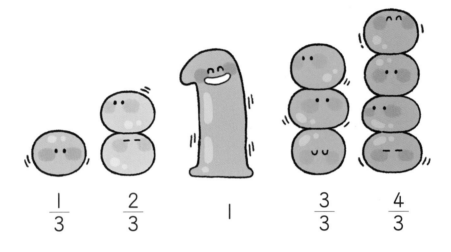

$$\dfrac{1}{3} \ + \ \dfrac{1}{3} \ = \ \dfrac{2}{3}$$

$$\dfrac{2}{3} \ - \ \dfrac{1}{3} \ = \ \dfrac{1}{3}$$

핵심3 여러 개 나누기

• 전체 묶음 수는 분모에, 부분 묶음 수는 분자에 씁니다.

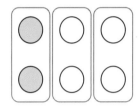

$\dfrac{1}{3}$
← 색칠된 부분 묶음 수
← 전체 묶음 수

전체 묶음 수는 분모에, 부분 묶음 수는 분자에 쓰면 돼!

핵심4 분수 크기 비교

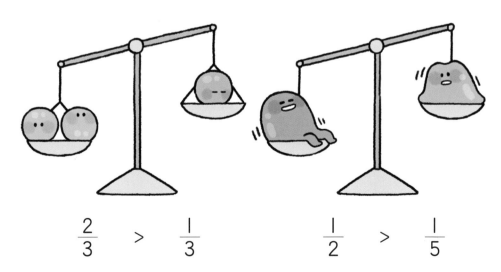

$\dfrac{2}{3}$ > $\dfrac{1}{3}$

$\dfrac{1}{2}$ > $\dfrac{1}{5}$

• 분모가 같은 분수는 분자가 클수록 더 큰 분수입니다.

• 단위분수는 분모가 작을수록 더 큰 분수입니다.

3

분수의 연산

소단원	핵심 학습 요소	공부한 날짜	확인
3-1 **가분수와 대분수**	· 대분수 · 가분수 ↔ 대분수 변환 · 진분수 + 진분수 = 대분수	월 일	
3-2 **대분수의 덧셈**	· 대분수 + 대분수 · 받아올림이 있는 대분수의 덧셈	월 일	
3-3 **대분수의 뺄셈**	· 대분수 − 대분수 · 자연수 − 분수 · 받아내림이 있는 대분수의 뺄셈	월 일	

놀이 공원에 간 수라임과 친구들!

결국 $\frac{1}{4}$ 조각 다섯이 빙글빙글 회전컵에 탔어요.

$\dfrac{1}{4}$ 조각 넷이 합쳐져서
수라임 하나가 돼 버렸네요?

3-1 가분수와 대분수

◆대분수

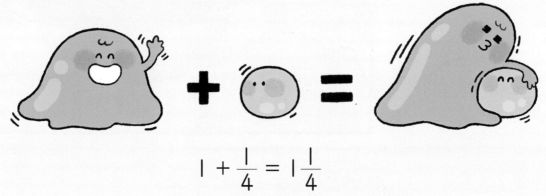

$$1 + \frac{1}{4} = 1\frac{1}{4}$$

$1\frac{1}{4}$과 같이 자연수와 진분수로 이루어진 분수를 대분수라고 합니다.

🔍 확인 문제

● 그림을 보고 빈칸에 알맞은 수를 쓰세요.

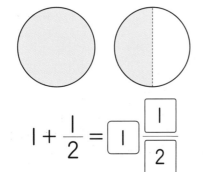

$$1 + \frac{1}{2} = \boxed{1}\,\frac{\boxed{1}}{\boxed{2}}$$

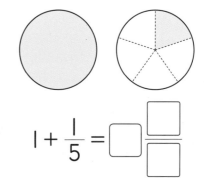

$$1 + \frac{1}{5} = \boxed{}\,\frac{\boxed{}}{\boxed{}}$$

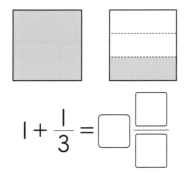

$$1 + \frac{1}{3} = \boxed{}\,\frac{\boxed{}}{\boxed{}}$$

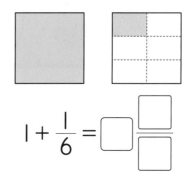

$$1 + \frac{1}{6} = \boxed{}\,\frac{\boxed{}}{\boxed{}}$$

◆ 가분수 → 대분수

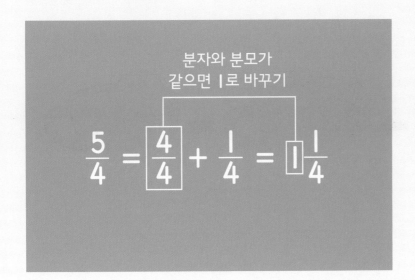

가분수는 대분수로 바꾸어 나타낼 수 있어!

$$\frac{\boxed{3}}{2} = \frac{2}{2} + \frac{1}{2} = \boxed{}\frac{\boxed{}}{\boxed{}}$$

$$\frac{4}{3} = \frac{\boxed{}}{3} + \frac{\boxed{}}{3} = \boxed{}\frac{\boxed{}}{\boxed{}}$$

● 그림을 보고 빈칸에 알맞은 분수를 쓰세요.

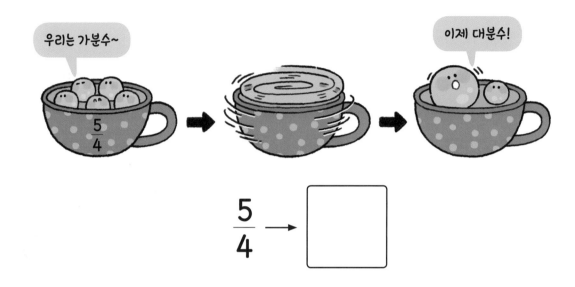

$$\frac{5}{4} \rightarrow \boxed{}$$

● 다음 중 알맞은 것에 ○표 하세요.

$\dfrac{8}{3}$ | ⓐ가분수 | 대분수 |

$1\dfrac{3}{4}$ | 가분수 | 대분수 |

$\dfrac{7}{4}$ | 가분수 | 대분수 |

$2\dfrac{3}{5}$ | 가분수 | 대분수 |

$3\dfrac{2}{6}$ | 가분수 | 대분수 |

$\dfrac{11}{6}$ | 가분수 | 대분수 |

$\dfrac{9}{8}$ | 가분수 | 대분수 |

$2\dfrac{3}{7}$ | 가분수 | 대분수 |

● 그림을 보고 빈칸에 알맞은 수를 쓰세요.

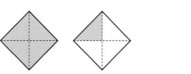

$$\frac{5}{4} \quad = \quad \frac{4}{4} + \frac{1}{4} \quad = \quad 1\frac{1}{4}$$

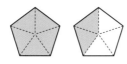

$$\frac{\boxed{}}{3} \quad = \quad \frac{\boxed{}}{3} + \frac{\boxed{}}{3} \quad = \quad \boxed{}\frac{\boxed{}}{\boxed{}}$$

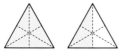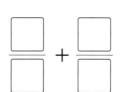

$$\frac{\boxed{}}{\boxed{}} \quad = \quad \frac{\boxed{}}{\boxed{}} + \frac{\boxed{}}{\boxed{}} \quad = \quad \boxed{}\frac{\boxed{}}{\boxed{}}$$

$$\frac{\boxed{}}{\boxed{}} \quad = \quad \frac{\boxed{}}{\boxed{}} + \frac{\boxed{}}{\boxed{}} \quad = \quad \boxed{}\frac{\boxed{}}{\boxed{}}$$

✔ 한 번 더 체크

$1\frac{1}{4}$ 은 일과 사분의 일이라고 읽습니다.

● 두 분수의 크기를 비교하여 빈칸에 >, =, < 를 알맞게 쓰세요.

분수는 내가 더 크지!

으휴~ 자연수 먼저 봐!

$$1\dfrac{2}{3} \;\boxed{<}\; 2\dfrac{1}{3}$$

$$1\dfrac{3}{4} \;\bigcirc\; 2\dfrac{1}{4}$$

$$2\dfrac{1}{2} \;\bigcirc\; 1\dfrac{1}{2}$$

$$2\dfrac{4}{5} \;\bigcirc\; 3\dfrac{2}{5}$$

$$3\dfrac{1}{5} \;\bigcirc\; 1\dfrac{3}{5}$$

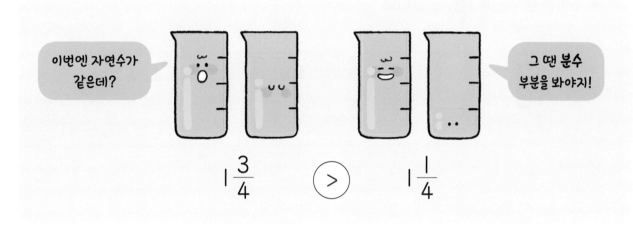

$1\dfrac{3}{4}$ ⊙ $1\dfrac{1}{4}$

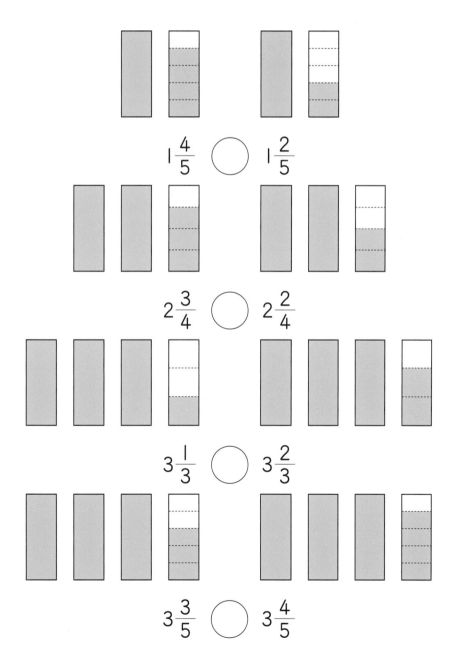

$1\dfrac{4}{5}$ ◯ $1\dfrac{2}{5}$

$2\dfrac{3}{4}$ ◯ $2\dfrac{2}{4}$

$3\dfrac{1}{3}$ ◯ $3\dfrac{2}{3}$

$3\dfrac{3}{5}$ ◯ $3\dfrac{4}{5}$

● 주어진 분수만큼 색칠해 보세요.

$\dfrac{4}{3}$

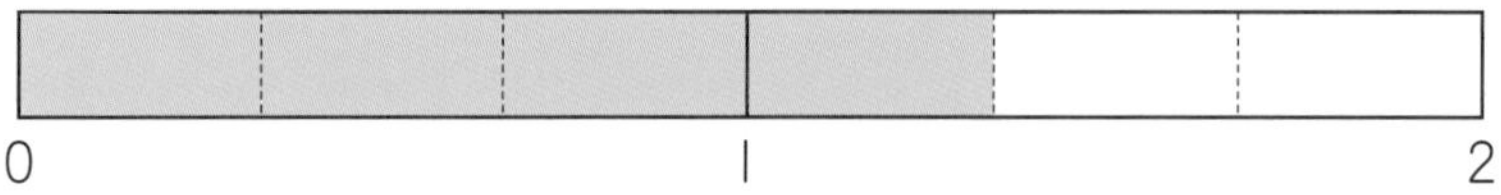

$1\dfrac{2}{3}$

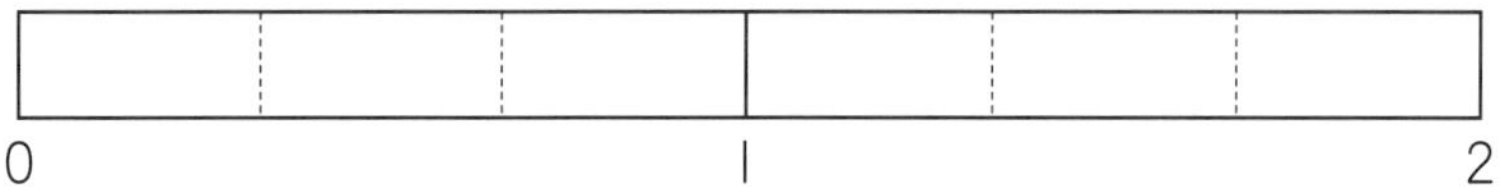

$\dfrac{5}{4}$

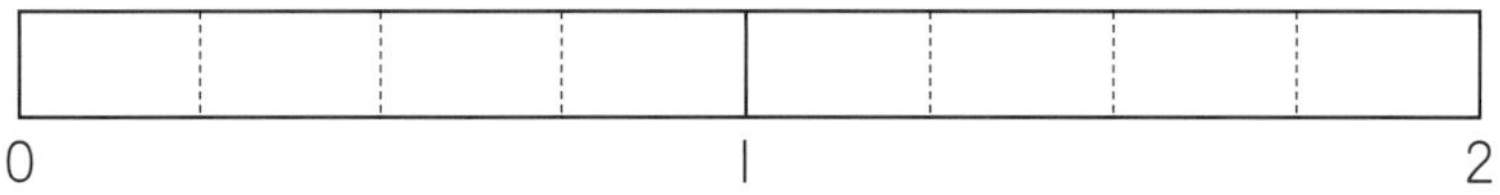

$1\dfrac{3}{4}$

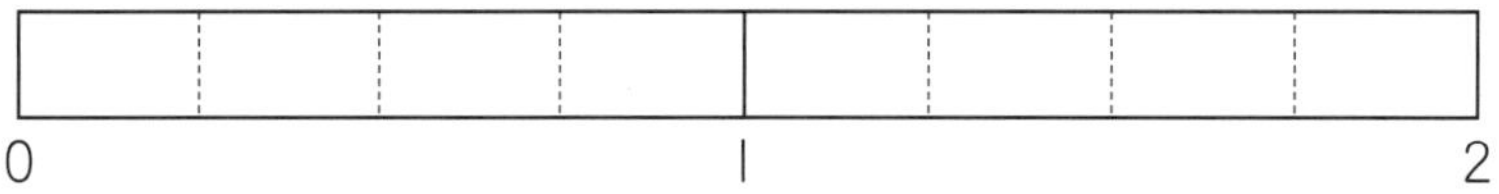

$\dfrac{8}{5}$

$1\dfrac{1}{5}$

● 색칠된 부분을 분수로 나타내 보세요.

$\frac{6}{4}$

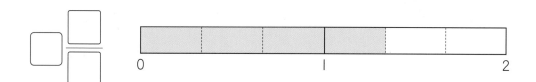

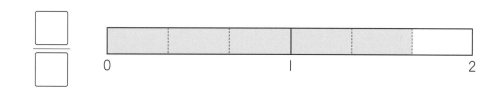

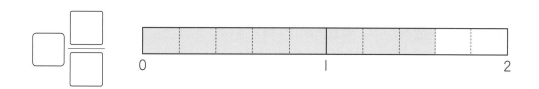

✓보너스문제

처음에 빙글빙글 회전컵에 탔던 $\frac{1}{3}$ 조각들은 모두 몇 개일까요?

[   ] 개

분수 핵심 노트

핵심1 가분수와 대분수

$$\frac{5}{4} \longrightarrow 1\frac{1}{4}$$

- 가분수 : $\frac{4}{4}$, $\frac{5}{4}$와 같이 분자가 분모와 같거나 더 큰 분수

- 진분수 : $1\frac{1}{4}$과 같이 자연수와 진분수로 이루어진 분수

핵심2 가분수 → 대분수 바꾸기

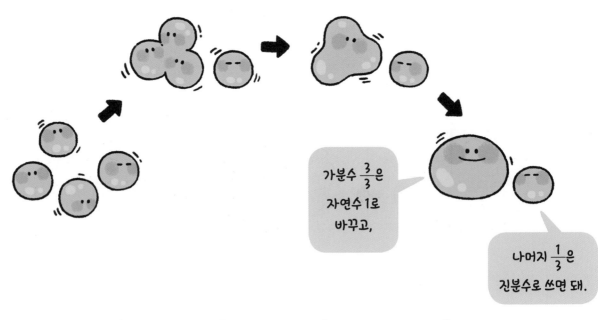

가분수 $\frac{3}{3}$은 자연수 1로 바꾸고,

나머지 $\frac{1}{3}$은 진분수로 쓰면 돼.

$$\frac{4}{3} = \frac{3}{3} + \frac{1}{3} = 1\frac{1}{3}$$

대분수의 크기 비교

$$2\frac{1}{3} \;>\; 1\frac{2}{3}$$

① 자연수 부분이 다르면?

자연수 부분부터 크기를
비교합니다.

② 자연수 부분이 같으면?

분수 부분끼리 크기를
비교합니다.

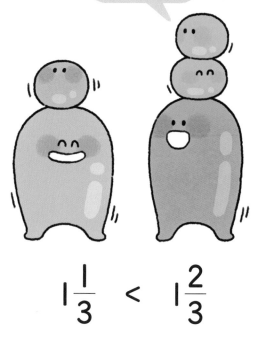

$$1\frac{1}{3} \;<\; 1\frac{2}{3}$$

3-2 대분수의 덧셈

◆대분수 + 대분수

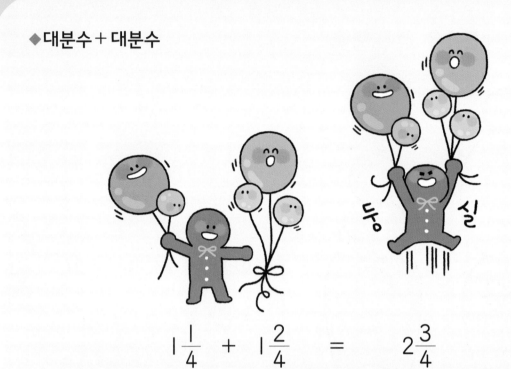

$$1\frac{1}{4} + 1\frac{2}{4} = 2\frac{3}{4}$$

자연수는 자연수끼리 분수는 분수끼리 더합니다.

확인 문제

● 대분수의 덧셈을 해 보세요.

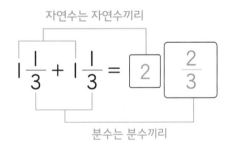

자연수는 자연수끼리

$$1\frac{1}{3} + 1\frac{1}{3} = \boxed{2}\ \boxed{\frac{2}{3}}$$

분수는 분수끼리

$$1\frac{1}{4} + 1\frac{2}{4} = \boxed{}\ \frac{\boxed{}}{4}$$

$$1\frac{2}{5} + 1\frac{2}{5} = \boxed{}\ \frac{\boxed{}}{5}$$

$$1\frac{3}{6} + 2\frac{1}{6} = \boxed{}\ \frac{\boxed{}}{6}$$

◆대분수 + 진분수

$$1\frac{2}{4} + \frac{2}{4} = 1 + \left(\frac{2}{4} + \frac{2}{4}\right)$$

$$= 1 + \frac{4}{4}$$

$$= 1 + 1 = 2$$

자연수는 그대로 두고, 분수끼리 더해 봐!

분수끼리 더했을 때, 분자와 분모가 같으면 |로 바꿔 줍니다.

● 덧셈의 결과가 자연수인 대분수의 덧셈을 해 보세요.

분수는 분수끼리

$$1\frac{1}{2} + \frac{1}{2} = 1 + \left(\frac{\boxed{1}}{2} + \frac{\boxed{1}}{2}\right)$$

자연수는 그대로

$$= 1 + \boxed{1} = \boxed{2}$$

$$3\frac{2}{4} + \frac{2}{4} = 3 + \left(\frac{\boxed{}}{4} + \frac{\boxed{}}{4}\right)$$

$$= \boxed{} + \boxed{} = \boxed{}$$

● 분수 부분의 합이 1보다 작은 대분수의 덧셈을 해 보세요.

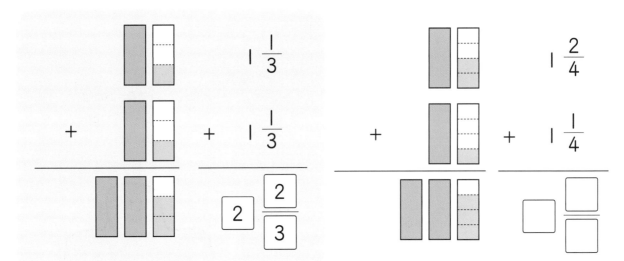

$$1\frac{1}{3}$$
$$+ \quad 1\frac{1}{3}$$
$$2 \quad \frac{2}{3}$$

$$1\frac{2}{4}$$
$$+ \quad 1\frac{1}{4}$$

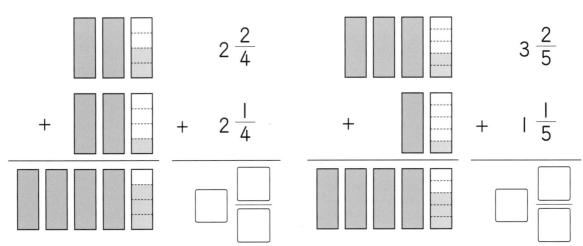

$$2\frac{2}{4}$$
$$+ \quad 2\frac{1}{4}$$

$$3\frac{2}{5}$$
$$+ \quad 1\frac{1}{5}$$

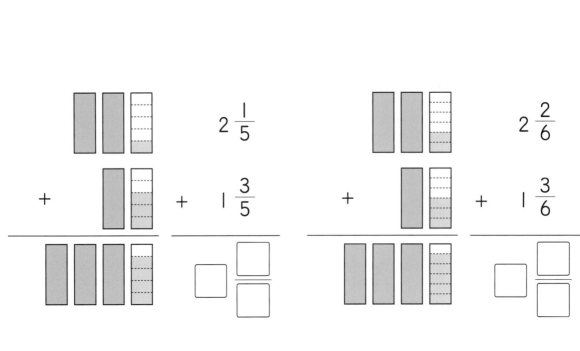

$$2\frac{1}{5}$$
$$+ \quad 1\frac{3}{5}$$

$$2\frac{2}{6}$$
$$+ \quad 1\frac{3}{6}$$

● 분수 부분의 합이 1보다 큰 대분수의 덧셈을 해 보세요.

자연수는 자연수끼리

$$1\frac{2}{3} + 1\frac{2}{3} = 2 + \frac{4}{3}$$

분수는 분수끼리

가분수를 대분수로

$$= 2 + 1\frac{1}{3} = 3\frac{1}{3}$$

$$1\frac{1}{2} + 1\frac{2}{2} =$$

$$1\frac{2}{3} + 1\frac{2}{3} =$$

$$2\frac{3}{4} + 1\frac{2}{4} =$$

$$2\frac{4}{5} + 1\frac{3}{5} =$$

$$2\frac{4}{6} + 2\frac{5}{6}$$

$\frac{2}{3} + \frac{2}{3}$ 는 $\frac{4}{6}$ 아닌가?

분모끼리는 더하면 안 돼~

● 대분수와 진분수의 덧셈을 해 보세요.

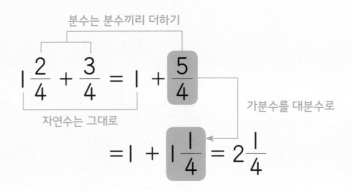

분수는 분수끼리 더하기

$$1\frac{2}{4} + \frac{3}{4} = 1 + \frac{5}{4}$$

자연수는 그대로

가분수를 대분수로

$$= 1 + 1\frac{1}{4} = 2\frac{1}{4}$$

$$1\frac{2}{3} + \frac{2}{3} =$$

$$1\frac{3}{4} + \frac{3}{4} =$$

$$1\frac{2}{5} + \frac{4}{5} =$$

$$1\frac{4}{5} + \frac{3}{5} =$$

$$1\frac{3}{7} + \frac{5}{7} =$$

$$1\frac{5}{6} + \frac{4}{6} =$$

$$1\frac{6}{9} + \frac{5}{9} =$$

$$1\frac{7}{10} + \frac{5}{10} =$$

● 직사각형의 가로와 세로 길이의 합을 구하세요.
  (대분수를 가분수로 바꾸어 계산합니다.)

대분수를 가분수로

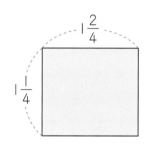

$$1\frac{1}{3} + 1\frac{1}{3} = \frac{\boxed{4}}{3} + \frac{\boxed{4}}{3}$$

$$= \frac{\boxed{8}}{3} = 2\frac{2}{3}$$

$$1\frac{1}{4} + 1\frac{2}{4} = \frac{\boxed{}}{4} + \frac{\boxed{}}{4}$$

$$= \frac{\boxed{}}{4} = 2\frac{3}{4}$$

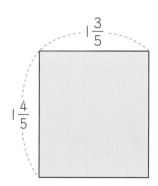

$$1\frac{4}{5} + 1\frac{3}{5} = \frac{\boxed{}}{5} + \frac{\boxed{}}{5}$$

$$= \frac{\boxed{}}{5} = \boxed{}\frac{\boxed{}}{5}$$

● 대분수와 가분수의 덧셈을 해 보세요.

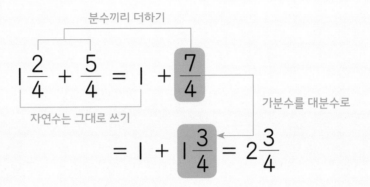

분수끼리 더하기

$$1\frac{2}{4} + \frac{5}{4} = 1 + \frac{7}{4}$$

자연수는 그대로 쓰기

가분수를 대분수로

$$= 1 + 1\frac{3}{4} = 2\frac{3}{4}$$

$$2\frac{1}{4} + \frac{5}{4} =$$

$$3\frac{3}{5} + \frac{6}{5} =$$

$$5\frac{4}{8} + \frac{9}{8} =$$

$$1\frac{2}{7} + \frac{10}{7} =$$

● 가분수를 대분수로 바꾸어 덧셈을 해 보세요.

가분수를 대분수로

$$1\frac{2}{4} + \frac{5}{4} = 1\frac{2}{4} + 1\frac{1}{4}$$

$$= 2\frac{3}{4}$$

$$1\frac{3}{5} + \frac{6}{5} =$$

$$2\frac{2}{10} + \frac{11}{10} =$$

$$2\frac{4}{11} + \frac{13}{11} =$$

$$1\frac{2}{13} + \frac{14}{13} =$$

분수 핵심 노트

대분수끼리 바로 더하기

$$1\frac{2}{4} + 1\frac{3}{4} = 2 + \frac{5}{4}$$

$$= 2 + 1\frac{1}{4} = 3\frac{1}{4}$$

자연수는 자연수끼리
분수는 분수끼리 더합니다.

핵심2 가분수로 바꾸어 더하기

$$1\frac{2}{4} + 1\frac{3}{4} = \frac{6}{4} + \frac{7}{4}$$

대분수를 가분수로
바꾸어 더합니다.

$$= \frac{13}{4} = 3\frac{1}{4}$$

3-3 대분수의 뺄셈

◆ 대분수 - 대분수

$$2\frac{3}{4} - 1\frac{1}{4} = 1\frac{2}{4}$$

자연수는 자연수끼리 분수는 분수끼리 뺍니다.

확인 문제

● 받아내림이 없는 대분수의 뺄셈을 해 보세요.

자연수는 자연수끼리
$$1\frac{2}{4} - 1\frac{1}{4} = \frac{\boxed{1}}{4}$$
분수는 분수끼리

$$1\frac{4}{5} - 1\frac{2}{5} = \frac{\boxed{}}{5}$$

$$2\frac{5}{6} - 1\frac{4}{6} = \boxed{}\frac{\boxed{}}{6}$$

$$3\frac{2}{4} - 2\frac{1}{4} = \boxed{}\frac{\boxed{}}{4}$$

◆ 자연수 − 진분수

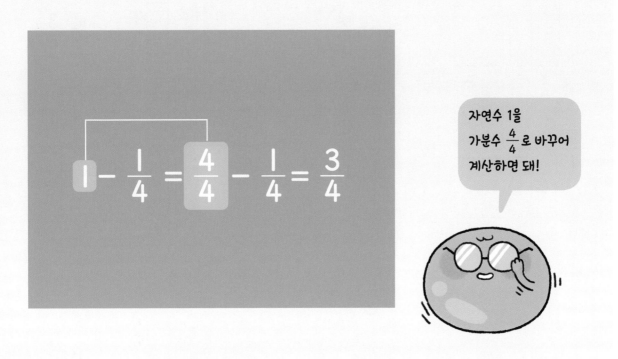

자연수 1을
가분수 $\frac{4}{4}$ 로 바꾸어
계산하면 돼!

자연수를 분수로 바꾸어 뺄셈합니다.

● 자연수와 진분수의 뺄셈을 해 보세요.

빼는 수의 분모와 같은
분수로 바꾸기

$$1 - \frac{1}{4} = \frac{\boxed{4}}{4} - \frac{1}{4} = \frac{\boxed{3}}{4}$$

$$1 - \frac{2}{5} = \frac{\boxed{}}{5} - \frac{2}{5} = \frac{\boxed{}}{5}$$

$$1 - \frac{3}{7} = \frac{\boxed{}}{7} - \frac{3}{7} = \frac{\boxed{}}{7}$$

● 그림을 보고 빈칸에 알맞은 수를 쓰세요.

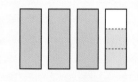

$$3\frac{2}{3}$$
$$-\ 1\frac{1}{3}$$

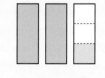

$$\boxed{2}\ \frac{\boxed{1}}{3}$$

$$2\frac{3}{4}$$
$$-\ 1\frac{1}{4}$$

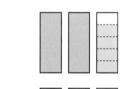

$$2\frac{4}{5}$$
$$-\ 2\frac{3}{5}$$

$$\frac{\boxed{}}{\boxed{}}$$

$$3\frac{3}{5}$$
$$-\ 1\frac{1}{5}$$

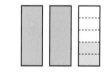

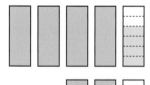

$$4\frac{4}{6}$$
$$-\ 2\frac{3}{6}$$

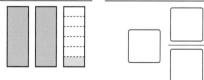

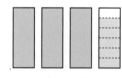

$$3\frac{5}{6}$$
$$-\ 2\frac{2}{6}$$

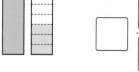

● 대분수와 진분수의 뺄셈을 해 보세요.

자연수에서 1만큼을
$\frac{4}{4}$로 바꾸기

$$2 - \frac{1}{4} = 1\frac{4}{4} - \frac{1}{4} = 1\frac{3}{4}$$

$3 - \dfrac{1}{3} =$

$2 - \dfrac{1}{4} =$

$5 - \dfrac{3}{4} =$

$7 - \dfrac{2}{6} =$

$6 - \dfrac{5}{7} =$

$2 - \dfrac{6}{10} =$

$4 - \dfrac{8}{9} =$

$3 - \dfrac{4}{8} =$

● 자연수와 대분수의 뺄셈을 해 보세요.

자연수는 자연수끼리

$$3 - 1\frac{1}{3} = 2\frac{3}{3} - 1\frac{1}{3} = 1\frac{2}{3}$$

분수는 분수끼리

$$2 - 1\frac{1}{4} = \qquad\qquad 2 - 1\frac{2}{5} =$$

$$3 - 1\frac{1}{3} = \qquad\qquad 5 - 2\frac{3}{4} =$$

$$7 - 2\frac{2}{6} = \qquad\qquad 9 - 3\frac{5}{8} =$$

$$11 - 5\frac{2}{3} = \qquad\qquad 6 - 4\frac{10}{12} =$$

● 직사각형의 가로와 세로 길이의 차를 구하세요.

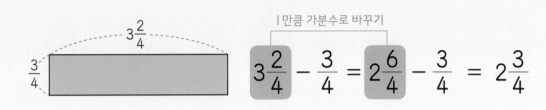

$$3\frac{2}{4} - \frac{3}{4} = 2\frac{6}{4} - \frac{3}{4} = 2\frac{3}{4}$$

1만큼 가분수로 바꾸기

$$2\frac{2}{5} - \frac{3}{5} = \boxed{}\frac{\boxed{}}{5} - \frac{3}{5}$$

$$= \boxed{}\frac{\boxed{}}{5}$$

$$3\frac{1}{8} - \frac{4}{8} = \boxed{}\frac{\boxed{}}{8} - \frac{4}{8}$$

$$= \boxed{}$$

$$5\frac{3}{6} - \frac{5}{6} = \boxed{}\frac{\boxed{}}{6} - \frac{5}{6}$$

$$= \boxed{}$$

정리 문제

● 그림을 보고 빈칸에 알맞은 수를 쓰세요.

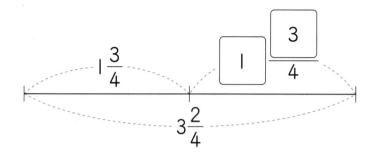

$3\dfrac{2}{4} - 1\dfrac{3}{4}$

자연수끼리 계산

$= 2\dfrac{6}{4} - 1\dfrac{3}{4} = 1\dfrac{3}{4}$

분수끼리 계산

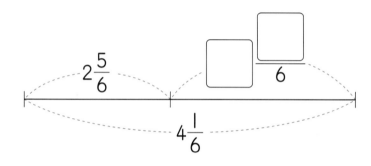

$4\dfrac{1}{6} - 2\dfrac{5}{6} =$

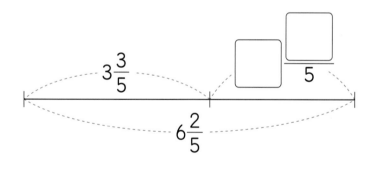

$6\dfrac{2}{5} - 3\dfrac{3}{5} =$

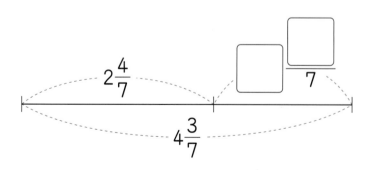

$4\dfrac{3}{7} - 2\dfrac{4}{7} =$

분수 핵심 노트

핵심1 받아내림하여 빼기

$$3\frac{1}{3} - 1\frac{2}{3} = 2\frac{4}{3} - 1\frac{2}{3}$$

$$= 1\frac{2}{3}$$

분수끼리 바로 뺄 수 없을 때는 자연수에서 1만큼 받아내림을 합니다.

핵심2 가분수로 바꾸어 빼기

$$3\frac{1}{3} - 1\frac{2}{3} = \frac{10}{3} - \frac{5}{3}$$

$$= \frac{5}{3} = 1\frac{2}{3}$$

두 대분수를 모두 가분수로 바꾸어 분자끼리 뺍니다.

정답

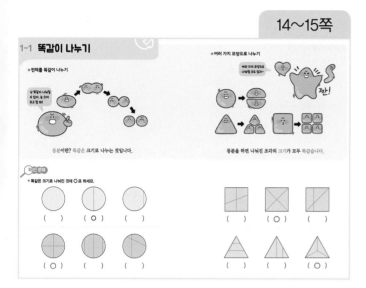

14~15쪽

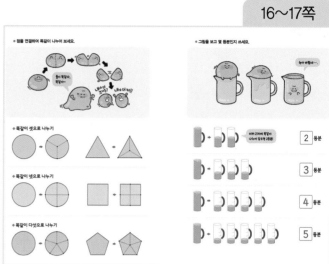

16~17쪽

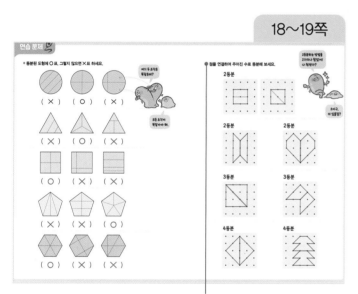

18~19쪽

정답은 여러 개일 수 있어요.

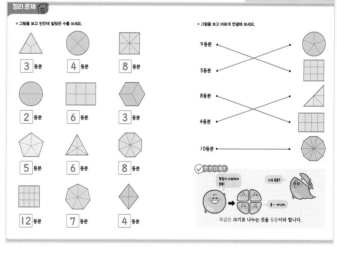

20~21쪽

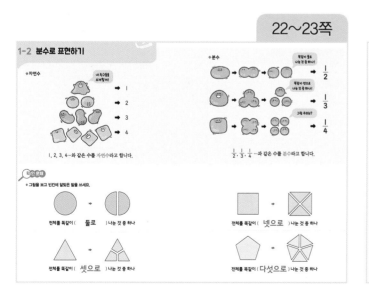

22~23쪽

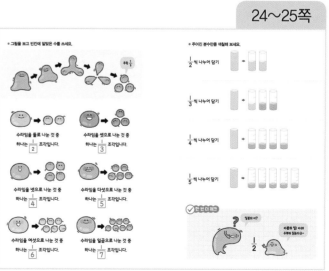

24~25쪽

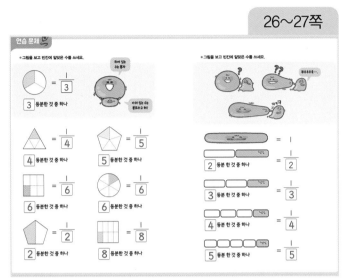

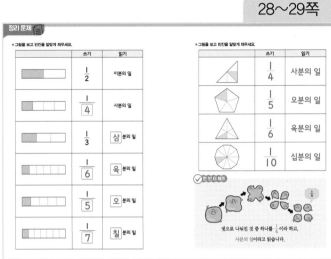

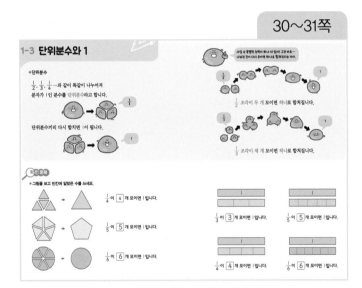

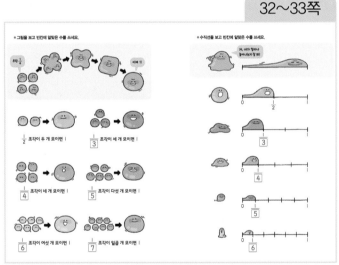

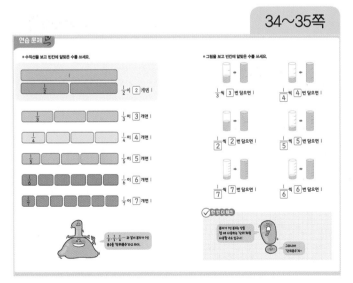

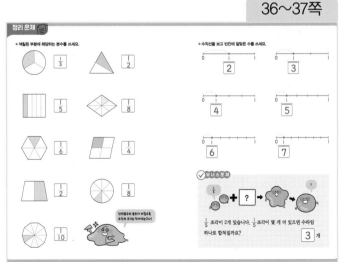

44~45쪽

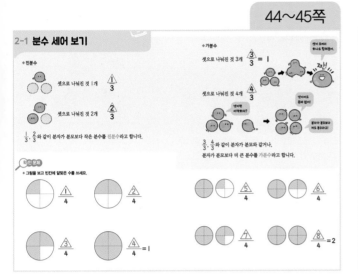

46~47쪽

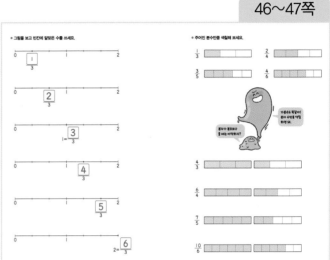

48~49쪽

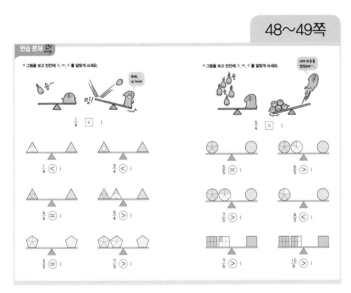

50~51쪽

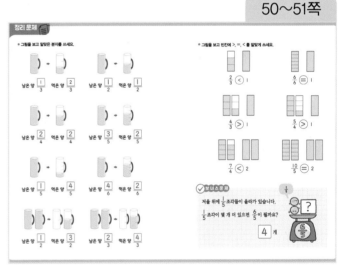

52~53쪽

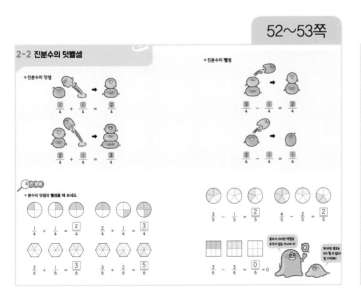

54~55쪽

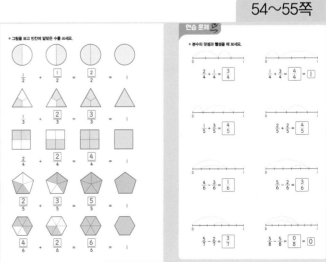

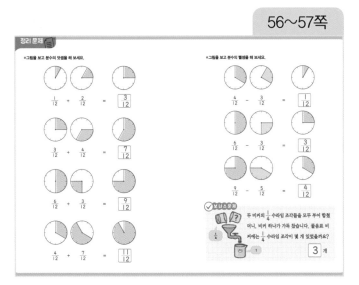

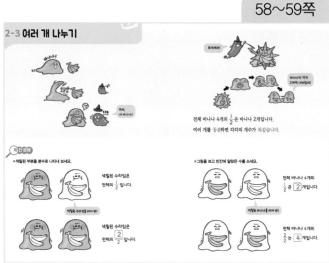

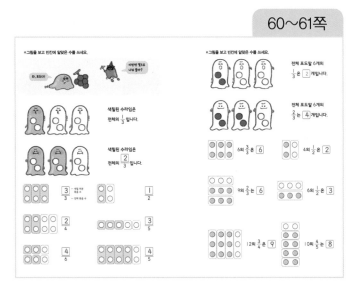

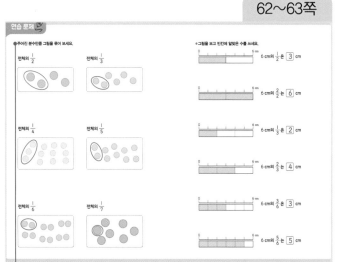

정답은 여러 개일 수 있어요.

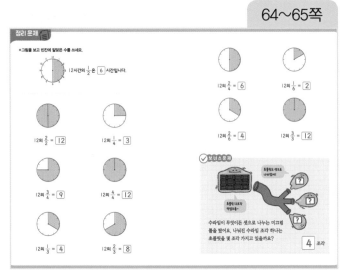

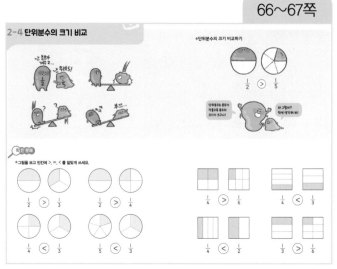

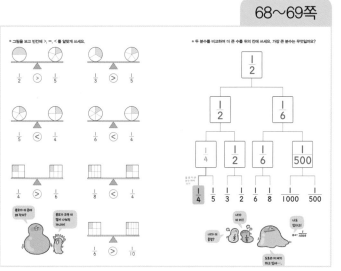

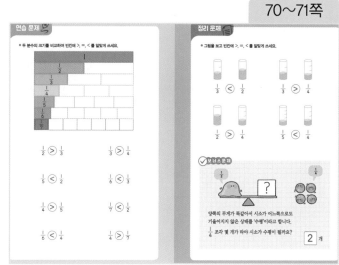

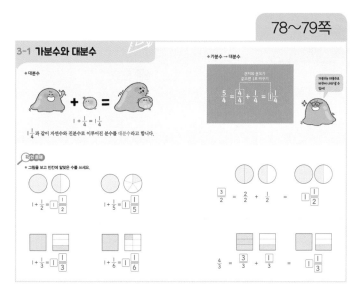

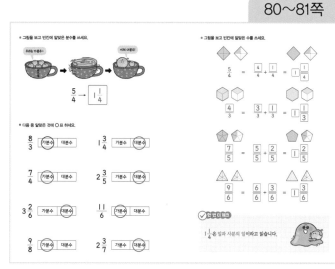

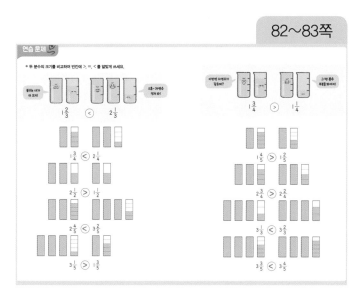

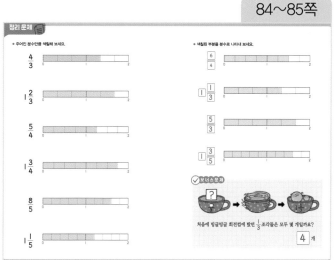

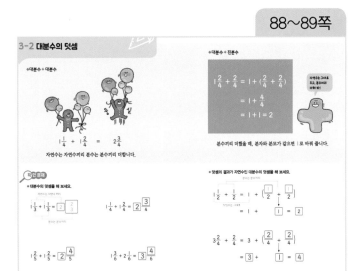

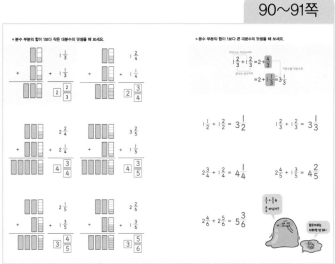

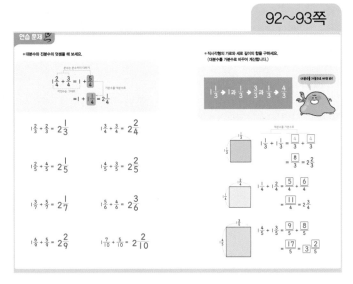

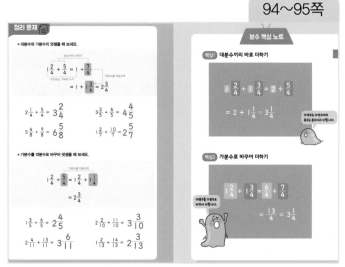

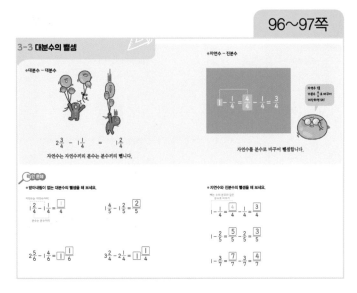

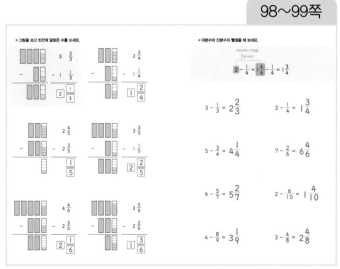

100~101쪽

연습 문제

자연수와 대분수의 뺄셈을 해 보세요.

$$3 - 1\frac{1}{3} = 2\frac{3}{3} - 1\frac{1}{3} = 1\frac{2}{3}$$

$2 - 1\frac{1}{4} = \frac{3}{4}$ $2 - 1\frac{2}{5} = \frac{3}{5}$

$3 - 1\frac{1}{3} = 1\frac{2}{3}$ $5 - 2\frac{3}{4} = 2\frac{1}{4}$

$7 - 2\frac{2}{6} = 4\frac{4}{6}$ $9 - 3\frac{5}{8} = 5\frac{3}{8}$

$11 - 5\frac{2}{3} = 5\frac{1}{3}$ $6 - 4\frac{10}{12} = 1\frac{2}{12}$

직사각형의 가로와 세로 길이의 차를 구하세요.

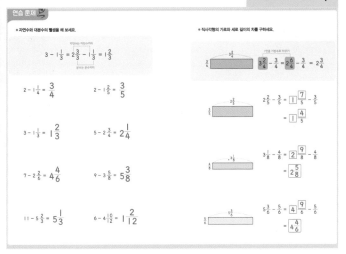

$$3\frac{2}{4} - \frac{3}{4} = 2\frac{6}{4} - \frac{3}{4} = 2\frac{3}{4}$$

$$2\frac{2}{5} - \frac{3}{5} = 1\frac{7}{5} - \frac{3}{5} = 1\frac{4}{5}$$

$$3\frac{1}{8} - \frac{4}{8} = 2\frac{9}{8} - \frac{4}{8} = 2\frac{5}{8}$$

$$5\frac{3}{6} - \frac{5}{6} = 4\frac{9}{6} - \frac{5}{6} = 4\frac{4}{6}$$

102~103쪽

정리 문제

그림을 보고 빈칸에 알맞은 수를 쓰세요.

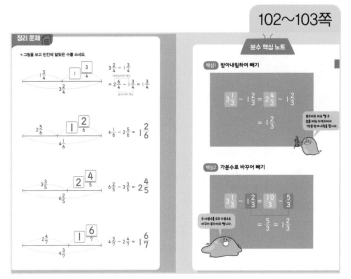

$$3\frac{2}{4} - 1\frac{3}{4} = 2\frac{6}{4} - 1\frac{3}{4} = 1\frac{3}{4}$$

$$4\frac{1}{6} - 2\frac{5}{6} = 1\frac{2}{6}$$

$$6\frac{2}{5} - 3\frac{3}{5} = 2\frac{4}{5}$$

$$4\frac{3}{7} - 2\frac{4}{7} = 1\frac{6}{7}$$

분수 핵심 노트

핵심1 받아내림하여 빼기

$$3\frac{1}{3} - 1\frac{2}{3} = 2\frac{4}{3} - 1\frac{2}{3} = 1\frac{2}{3}$$

핵심2 가분수로 바꾸어 빼기

$$3\frac{1}{3} - 1\frac{2}{3} = \frac{10}{3} - \frac{5}{3} = \frac{5}{3} = 1\frac{2}{3}$$

작은 꾸준함으로 커다란 실력을 완성하는 서사원주니어

<완주> 시리즈

초등 맞춤법
50일 완주 따라쓰기
기초 편

권귀헌 지음 | 152쪽 | 12,800원

어휘력 · 문장력을 키워
맞춤법 기초 완성!

초등 교과서 속 1,000 단어 따라 쓰기로
맞춤법 자신감을 키우고 글쓰기의 기초를 다져요.

초등 맞춤법
50일 완주 따라쓰기
심화 편

권귀헌 지음 | 168쪽 | 12,800원

문해력 · 독해력을 높여
맞춤법 달인이 되자!

자주 헷갈리는 단어와 띄어쓰기를
집중적으로 쓰고 익히며 맞춤법을 완성해요.

초등 도형 구구단
완주 따라 그리기

남택진 지음 | 192쪽 | 15,800원

동화를 읽고 따라 그리며
곱셈구구 완전 정복!

5단계 학습으로 곱셈의 원리와 개념을 이해하고
도형 그리기로 재미있게 구구단을 외워요.

초등 짧은 글+긴 글
3단계 완주 독후감 쓰기

오현선 지음 | 208쪽 | 15,800원

스스로 읽고 생각하고 쓰는
자기주도형 독후 활동 워크북!

20년 경력 독서 교사의 노하우로
단계별 독서와 독후감 쓰기를 마스터해요.

완주 50일
하루 한 장 글쓰기

이혜정 지음 | 148쪽 | 14,800원

초등 교과과정의 모든 글쓰기,
이 한 권으로 끝!

글의 갈래 10개, 글쓰기 전략 10개,
3단계 글쓰기 비법으로 초등 글쓰기를 완성해요.

완주 50일
바꿔쓰기

권귀헌 지음 | 128쪽 | 12,800원

예시 글을 읽고 내 이야기로 바꿔 쓰면
마법처럼 글이 술술!

글쓰기 강의 누적 수강생 3만 명이 입증한
마법의 초등 글쓰기 비법을 만나 보세요.